男装设计艺术与纸样设计研究

侯汝斌　马　燕　著

中国商业出版社

图书在版编目（CIP）数据

男装设计艺术与纸样设计研究 / 侯汝斌，马燕著
. -- 北京 ：中国商业出版社，2023.8
ISBN 978-7-5208-2586-3

Ⅰ. ①男… Ⅱ. ①侯… ②马… Ⅲ. ①男服-服装设计-研究②男服-纸样设计-研究 Ⅳ. ①TS941.718

中国国家版本馆 CIP 数据核字（2023）第 156020 号

责任编辑：林　海

中国商业出版社出版发行
（www.zgsycb.com　100053　北京广安门内报国寺 1 号）
总编室：010-63180647　编辑室：010-83125014
发行部：010-83120835/8286
新华书店经销
北京虎彩文化传播有限公司印刷
*
710 毫米×1000 毫米　16 开　9.75 印张　185 千字
2023 年 8 月第 1 版　2023 年 8 月第 1 次印刷
定价 30.00 元
****
（如有印装质量问题可更换）

前言

在人类社会生活中围绕衣、食、住、行等方面所进行的一系列生产制造、改造及发明等活动，都是为了满足人们的物质需求和精神需求，在不同的时代，它们的重要性各不相同。随着时代的发展，特别是随着生产力水平的不断提高，人们的生活条件得到了改善，人们对物质的基本需求已经得到了满足，而精神上的需求变得更加迫切和重要，更多的人不但关注吃饱穿暖，而且开始追求穿衣的美感。男女服装最大的不同之处是女装的主要目标是让穿戴者看起来柔美动人，而男装则是为了展现男人的阳刚之气。除此之外，男装的每一个部位都要求有它们自身独特的纸样设计方法。

男性和女性的体型存在着本质上的不同，男装的结构设计原理和服装实用制板、工艺技术没有一套较完备的科学应用理论，以女性为主体的纸样设计方式，无法更好地适应男性服装的设计需求。从一定意义上说，现代时尚仍然以女性的服饰为主导，这种单一性倾向，似乎明确地传达出时装只是一种特别针对女性消费者的设计行为。其实，这并不准确。就男士的服饰需求来说，虽然在不同时期男性的社会角色与地位不同，以及受经济水平、生产技术、流行趋势、社会审美、文化理念、民俗民风的影响，消费者对于男装的审美标准有所不同，但是总体上朝多元化、个性化、高档化、舒适化的方向发展。纵观世界服装发展史，男装对女装的影响不可忽视，西服、牛仔服、运动服、工作服这些本属于男性的专有服装，一开始与时尚、流行无关，如今却风靡全球，对女装设计也产生了重大的影响。最近几年，随着男性消费者现代时尚敏锐度的不断提高，男装及其附属产业也相应兴起并得到了快速发展。

本书是一本研究男装设计艺术与纸样设计的理论著作。本书可分为两大部分，第一部分（第一章至第六章）简要阐述男装与男装设计的基础知识，包括男子体型特征与分类、男装与男装产业、男装设计的基本类型与方法，深入探讨了男装单品的设计原则与要点、系列男装设计、男装款式造型设计、男装色彩设计、男装材料要素设计、男装图案设计、男装搭配设计等方面的内容；第二部分（第七章至第九章）针对男装纸样设计，探讨了男士西装与礼服纸样设计、男士马甲与衬衫纸样设计、男士外套与户外服纸样设计等方面的内容。

本书在写作过程中得到了相关领导的支持和鼓励，在此表示感谢！在写作过程中，作者广泛参考、吸收了国内外众多学者的研究成果和实际工作者的经验。在此，对本书所借鉴的参考文献的作者、对写作过程中提供帮助的单位和个人致以衷心的感谢！同时，有些参考的资料由于无法确定来源和作者，因此没有在参考文献中列出，为此表示深深的歉意。在写作本书时，得益于许多前辈的研究成果，既受益匪浅，也深感自身所存在的不足，对此希望广大读者与专家、学者予以谅解，并提出自己的宝贵意见，以便修改完善。

目录

第一章　男装与男装设计概述

对于人类而言，他们需要满足最基本的衣食住行的需求，这样他们才能够更好地生活。可见衣食住行是人类社会文化的重要组成部分，具有鲜明的时代特色。在这些需求中，服装就是十分重要的需求，现代人尤其注重服装的品质和款式等。人们对于服装的追求也能够在一定程度上反映人们对美好生活的追求和向往。服装分为男装和女装，这两大类服装的设计有很大的差异，本书重点探讨男装的相关内容。男装是当今社会的一种文化形式，也是当代艺术设计的一个重要内容。

第一节　男子体型特征与分类

一、男子体型特征

通常情况下，男性与女性的身材差异主要体现在其躯干的部分。除此之外，男性和女性的身体的正面形态、侧面形态等方面也有较为显著的差别。从整体上进行分析，男性的体型一般是由四个不同的指标决定：一是男性的骨骼；二是男性的肌肉；三是男性的皮肤；四是男性的皮下脂肪。

男性体型主要特征有以下六点。

（1）男性胸部形态较为扁圆，和女性胸部形态有很大差别。

（2）男性肩部骨骼、肌肉比胸部宽，显得腰部以上比较发达。因此从肩部至腰部呈上大下小的倒梯形，从腰部至臀部呈上小下大的梯形。

（3）男性的胸锁乳突肌、斜方肌发达，颈部喉结较大，明显突出。因此，男性的领围较大一些。

（4）男性的大臂肌肉发达，所以男装的袖山应呈浑圆状。

(5) 男性手臂向前倾斜度比女性手臂向前倾斜度大2°。因此，男装的袖点应离袖中心点向后偏1.8 cm~2.0 cm。

(6) 男性的背部肌肉浑厚。[①]

二、男子体型分类

男性人体结构会因年龄、职业、种族遗传以及发育等影响而形成不同的体型。一般可分为正常体和非正常体两大类。凡胸、背、肩、腹、四肢等发育均衡者，均为正常体。而不均衡者，均为非正常体。非正常体的表现是多方面的，常见的有以下17种。

(1) 挺胸体。前胸丰满而挺出，后背较平直，头部略向后仰。

(2) 驼背体。背部宽厚并突出，胸部瘪而狭，头部向前，上体略呈弓字形。

(3) 凸肚体。腹部外突，从侧面看，腹部超出了胸部。

(4) 凸臀体。上体挺胸，腹部正常，臀部大而突出，腰部中心轴倾斜。

(5) 挺胸凸臀体。前胸丰满而挺出，臀部肥大而突出。颈脖略向前倾，肩部稍微靠前，整个身体向前倾。

(6) 凸肚凸臀体。腹部及臀部都较肥大突出，腰部中心轴向后倾倒，但整个下体前后平衡。

(7) 凸肚驼背体。腹部外突，背部宽厚突出，上半身向后倾倒，胸部大多扁平，臀部扁平而低，上臂的肩部靠前，整体呈S形。

(8) 落臀体。臀部肌肉发达，但位置低落。

(9) 平臀体。臀部较小而扁平。

(10) 平肩体。肩部斜度很小，两肩平如一字。

(11) 斜肩体，又称溜肩体。两肩下溜呈八字形。

(12) 高低肩。左右两肩高低不一，一肩稍平，另一肩则较低落。

(13) O型腿，又称罗圈腿。臀下弧线至脚跟呈膝盖向外，脚向内的形状，下裆内侧呈椭圆形。

(14) 八字腿，又称X型腿或外撇脚。两膝盖向内并，两脚平行外偏，膝盖至脚跟向外呈八字形。

(15) 长短腿。即一条腿长，一条腿短。

(16) 肥胖体。胸腹都很丰满，无明显曲线。

---

① 李兴刚. 男装结构设计与缝制工艺 [M]. 上海：东华大学出版社，2010：16.

（17）瘦型体。身体各部位消瘦单薄。①

第二节　男装与男装产业

一、男装

（一）男装的特征

1. 款式严谨，强调功能

在工业发展和社会发展的双重作用下，男性群体开始越来越注重服装的功能，而不太看重其装饰的作用。在男性的日常穿着上，男装整体的风格比较严谨，也更加简洁，很多男装的款式就是实用的基础款，一般只有青少年的服装会比较追求时尚、个性的款式。通常情况下，男装的外部轮廓的样子都是一种箱形结构，其内部的结构也很简单，都是不同种类线条的结合，这样可以达到比较好的设计效果，从而突显出男装阳刚、有力、简洁的特点。

2. 色彩稳健、沉着、素雅

通过与五彩斑斓的女性服装相比可以发现，男装的颜色往往更沉稳、更质朴。通常男性服装颜色的基调和男性在社会中扮演的角色以及拥有的地位有紧密的联系。男性在社会上常常要塑造出一种自信、踏实的男人形象，这就要求男装的色彩一定要能让男性看起来给人一种老成持重、深沉的感觉，进而使人更加信赖，赢得他人的尊重。需要强调的是，男性服装的颜色不仅会受到男性社会地位的影响，也会在一定程度上受地域、习俗、流行风尚等多重因素的影响。现如今，男装的颜色也有了很大的改变，但是在人们的日常生活中，大部分的男性服装还都是以中性色和深色为基调，从而突显男性的沉稳。尤其是一些中年人的服装，在设计的过程中往往都会采用一些质朴简单的图案或者色调，这样也会使男装看起来更加简单、大气。由于青少年的年龄比较小，他们是充满朝气的一代人，因而青少年的T恤、外套等服装在设计的过程中往往会采用比较强烈、明快的颜色，以彰显年轻人奋发向上的状态。

3. 面料挺括，强调质感

众所周知，衣服的面料具有厚薄、重量等多种不同的特性，因而各种材质

① 阎玉秀，金子敏．男装设计裁剪与缝制工艺［M］．北京：中国纺织出版社，1998：3.

的运用和视觉效果也不尽相同。随着科学技术的进步，面料的使用日益增多，面料的种类也变得越来越多。就男装而言，其面料的主要特点是挺括（不容易起皱）、简单、有一定的质感。面料的平整度直接关系到男性的硬朗形象，而优质、高档的布料则能更好地反映出穿戴者的地位以及形象。一直以来，男装面料的挑选已形成一种惯例，它有固定的程序和方法。例如，在大多数设计师的头脑中，他们会选择丝织锦缎类面料来制作男士的晚礼服等服装，他们还会选择一些比较厚的呢料等来制作男装里面的秋季或者冬季的大衣等。

4. 装饰工艺精致实用

男装的装饰品以及工艺与女性服装有很大的区别，通常女装佩戴的装饰品要么富丽堂皇，要么与众不同，要么新奇，但是整体上的装饰效果比较明显，人们往往一眼就能看出这些女装的装饰品。但是，在男装的装饰品和做工上，设计者则更注重体现一种内敛与细腻，这也是男装装饰工艺的特殊之处。在男装的装饰中，其常用的装饰工艺包含很多不同的种类，这样才能够使男装的装饰看起来更加精致、高档，如滚边、褶裥以及镶嵌等。此外，在男装的常规设计里面，设计者也会使用不同的面料来制作男装的衣领或其他的部分，比如男装中的秋冬季外套通常与皮领相配，这样既可以让衣服看起来大气，有较强的实用性，同时又能够增添男装的协调美感，从而给他人带来舒服的感觉，具有较好的视觉效果。随着科技的进步，各种新型的装饰材料层出不穷，这些材料在男装的设计中也有了更多的应用，这也使男装的设计不仅具有了更多的可能性，同时提升男装工艺的水平。

5. 配饰协调，追求品质

在服装设计领域里面，服装与配饰的关系日益密切。近年来，服装配饰越来越多地与服装结合，并呈现出一种“饰品式”的趋势。尽管男装里面配饰的种类以及色彩等都没有女装配饰那么丰富、炫目，但是男装在配饰的设计与搭配上却别具一格。需要强调的是，男装的配饰种类相对固定，其配饰往往也需要与整个服饰进行搭配，从而使服装更加协调。此外，男装的配饰要比女装的配饰更加注重质量。在某种意义上，男装的配饰是一种象征，代表着男性的身份、地位以及品位等，如男士的手表、眼镜等。

（二）男装的类别

男士的服装可分为礼服和休闲服。

1. 男士礼服

男士礼服一般有三种：晨礼服、小礼服和大礼服。

晨礼服，又名常礼服，是白天参加典礼、婚礼等活动的正式礼服。通常穿黑色、灰色上衣，穿带条纹的黑、灰色裤子，穿白衬衫并系黑、白条纹或驼色、灰色领带，穿黑色袜子和黑色羊、牛皮鞋。

小礼服，也称晚餐礼服或便礼服。这种礼服一般在晚上参加音乐会、宴会，观看戏剧演出时穿。小礼服为白色、黑色或蓝色，配有缎带、裤腿外侧有黑丝带或丝腰带的黑裤。

大礼服，又称燕尾服，在极其庄重的场合穿戴。上装为黑色或深蓝色，前摆齐腰剪平，后摆剪成燕尾状。下装为黑色或蓝色，配有缎带、裤腿外侧有黑丝带的长裤。系白领结，穿黑皮鞋、黑丝袜，戴白手套。

2. 男士休闲服

休闲服，是各国人士一般场合的穿着。在工作之余，穿夹克衫、运动服、牛仔服以及羊毛衫都是可以的，但不要过于随便或追求样式的花哨，应考虑不同场合、年龄与身份。

职业便装常用于会议、研讨会、公司组织的高尔夫球赛或在办公室“非正式着装日”等场合。职业便装虽然可以随便些，但它仍反映了一个人的形象和职业素质，因此应尽量做到形象优美、干净合体。

对于男士来说，可以穿上长裤配衬衫、有领的棉T恤衫或毛衣，可以穿平底便鞋或无扣便鞋，不要穿破破烂烂的、“似乎很有风格”的牛仔裤。

二、男装产业

（一）男装产业的发展现状

在历朝历代的历史文献中都有大量的记载，其中既有特定时代中有关男女服装的样式，也有对男女服装中使用的颜色、图案以及材质等方面的认识和描写。很明显，在不同的历史发展时期，男女服装都具有不同时期的典型风格和独特的造型，并且在漫长的发展过程中吸收了深厚的历史底蕴。在全世界范围内，不同国家的服装产业发展基础、速度都不同，这使得不同国家的服装产业的模式等也不尽相同。所以，在全世界范围内，男装产业的发展情况也有很大的不同，这也和当地的经济发展水平有紧密的联系。所以，地区的经济发展水平是一个地区男装产业发展的重要基础之一。

综观全世界范围内的男装产业分布我们可以发现，男装产业的分布极其不平衡，经济发展水平比较高的地区往往会分布着很多的男装产业，那些经济发展相对比较落后的地区则拥有比较少的男装产业。不仅其他国家，中国的男装产业分布也是按照上述规律分布。例如，我国知名度比较高的男装品牌如七匹狼、雅戈尔以及劲霸男装等都是分布在我国的东南沿海地区，如浙江、上海、福建等地区。

我们需要明确的是，世界范围内不同地区的经济发展水平不同、气候环境不同、文化历史也不同，因而其男装产业也各具特色。例如，意大利男装的发展特征就包含三点：一是它的面料比较新颖；二是它的做工十分精细、细腻；三是它的款式比较能够迎合年轻人的时尚品位等。

（二）男装产业的发展变化

从历史长远的视角进行分析我们可以发现，男装产业的发展和变化会受到很多种客观因素的影响，一是地区某个阶段的经济发展水平，二是消费者手中可以用于支配的收入数量，三是一个地区的城市化进程，四是某一个阶段中人们所坚持的消费理念等，五是当时的政治安定情况等。虽然男装产业在具体的发展过程中遇到了很多现实的问题，也遇到过发展的瓶颈，但是从长远来看，男装产业还是呈现出一种良性的发展趋势，不断进步和发展。

1. 男装产业的细分化

在服装产业的消费中，男装消费也出现了多样化的趋势，这就使男装产业呈现出了细分化的趋势，并在发展的过程中形成了分工细化且协同发展的一种男装产业链。产业链里面的各部分在产业结构中起到了不同的作用，从而推动了整个男装行业的健康发展。

除此之外，男装的产品种类以及它们的消费市场等也变得越来越细化，这也表明了人们越来越看重男装的各个细节。例如，对于成年人的男装而言，人们往往会根据不同年龄阶段来细化男装，而且人们的年龄阶段十分细微，它包括四个不同的消费年龄：一是18~30岁群体穿的男装；二是31~45岁群体穿的男装；三是46~65岁群体穿的男装；四是66岁以上群体穿的男装。

除此之外，面对目前高端消费低迷的状况，世界范围内的很多品牌都积极地应对这些变化，如一些奢侈品牌纷纷关停线下的店铺或涨价已有的商品；消费者对衣服的购买周期越来越长，由每月的购物变为按季购物等。面对这种男装消费的状况，我国以及国外很多男装公司都采取了多品牌化的发展策略，以拓展男装市场。具体而言，多品牌化就是指男装的企业把品牌不断细分化，从而扩大产品的种类和数量等，这样也能够使产品更加人性化，更加符合不同消费者的个性化需求，抢占更多的细分市场。例如，阿玛尼旗下已经有了8个不同的品牌，这些细分的品牌就是针对不同的男性消费群体。

2. 男装产业的系统化

事实上，随着经济和社会的发展，人们的物质生活水平得到了极大的提升，因而人们有了更加积极向上的生活状态，也有了更多的时间和精力来追求时尚潮流。这种变化也离不开服装产业的发展与进步。在国际的大环境下，全球经济的快速发展和世界一体化的形成为我国服装产业的发展带来了极大的机遇；而从国内的环境来分析，世界上大部分国家的综合国力都得到了进一步的提高，这种增强也为我国的服装产业提供了强有力的支撑，同时也提出了更高的市场需求。此外，我国的科学技术发展十分迅速，我国很多地区的生产力水平也获得了大幅度的提升，这些也为服装产业的发展提供了技术支持。在经济一体化的快速发展之下，服装产业的技术得以在大范围实现转移，这也在一定程度上缩小了国际间服装产业技术水平的差距。

纵观男装产业的发展历史可以发现，男装产业在发展的过程中也经历了四个不同的阶段：第一个阶段是产品阶段，第二个阶段是品牌阶段，第三个阶段是资本阶段，第四个阶段是资源经营阶段。在经历了这四个不同的阶段之后，男装产业就开始逐步地向集团化、股份制管理的方向转变，这也是男装产业的发展实现了质的飞跃。基于这种改变，男装产业也开始有了更强的生产能力以及品牌的运作能力等，这也大大地推动了男装产业的发展。不过人们需要明确的是，男装产业的发展离不开市场需求的改变，离不开政府的宏观政策调控，离不开行业协会的发展以及高等院校和科研院校的技术支撑等。在共同的作用之下，男装产业的链接系统变得越来越完善，其分工也开始越来越细化，并逐步地形成了一个完整的链接系统工程。在男装产业中，有很多的男装企业本身就有自己的研发部门。除此之外，在整个男装产业里面还有设计创意中心、技术研发中心等公共的服务机构，这些公共的服务机构在推动男装产业发展的过程中发挥了十分重要的作用，它们能够为企业的发展和进步提供很多优质有效的服务。目前男装产业已经建立比较成熟的系统，这不仅有利于男装产业的发展，也有利于不断地提升男装企业的经济效益，同时推动企业不断进行改革和创新。

3. 男装产业的规模化

随着我国男装产业发展的内外环境变得越来越好，顾客所秉承的消费观念也有了较大的改变，以及男装产业市场的细分，这些导致了各产业的相互依赖程度不断提高，产业链间的联结促使男装产业在发展的过程中形成了规模化的发展，这种规模化的发展体现在很多个不同的层面，如仓储物流、销售环节、面料市场等。

下面以我国男装产业的发展历程作为例子进行详细的分析，目前在全国范围内，我国的男装产业主要集中于上海、温州等东南沿海地区，并且在发展的过程中形成了独具特色的男装产业集群，也代表了不同地区男装产业的文化特色等，如“浙派”的男装产业集群，主要集中在上海、宁波等地区；又如“闽派”男装产业集群，主要集中在晋江等闽东南地区。近几年以来，工业部门积极推动纺织服装产业的更新与升级，重新规划并且大力整合了很多原来的产业园区以及相关的配套市场等，并且对一些规模较大且有较大发展空间和潜力的企业进行资金或者技术支持，从而促进相关企业的发展。这些有力的措施大大地促进了男装产业的发展，并且使其发展更加具有规模化，这也体现了男装产业的规模化。

4. 男装产业的优质化

随着消费结构的改变、纺织服装业的技术进步与工业的升级，目前我国的男装市场正在悄悄地发生着巨大的改变，人们在卖男装的过程中也渐渐地改变了销售的理念。在最初的时候，男装市场中男装销售的重点是保暖和防寒的功能；后来，男装市场销售的重点是男装的装饰效果；到了现在，男装市场销售的重点是男装的品位以及男装蕴含的文化底蕴等。这也使得男装市场的竞争变得越来越激烈，各个男装的品牌在竞争的过程中也更加注重提升自己的品牌效益、品牌的质量等。第一，经过了一定时间的发展，目前男装市场里面的消费者也对各个男装的品牌有了一定的了解，这样他们在选择男装时也会变得更加理性。第二，在新的发展时期，很多男装品牌都在逐步地转变已有的营销模式，从而实现对品牌的重塑。这也使男装产业变得越来越优质化，从而不断提升男装产业中男装的整体品质。

目前，男装行业内部提倡整体设计这种新颖的理念，注重男装细节的品位，强调男士产品设计的个性特征，从而使男装产品更加具有时尚性，有更加全面的配套产品。换句话说，男装品牌也开始重视质量发展，重视品牌自身风格的培养，采用差异化的产品以及合理的价格定位为顾客提供差异化的服务，逐渐形成了具有鲜明特点的产品风格，这也使男装的品牌变得更加有特色，从而被更多消费者记住和认可。

5. 男装产业的人性化

男装产业经过最初的基本积累，在消费需求的改变之下，逐步改变了已有的经营观念，男装行业的转型和升级步伐也渐渐加快，以满足消费者对男装的现代化、多样化需求。对于男装，人们往往要求其具备一些基础的功能，如保暖的功能、防护的功能以及体现人优雅姿态的功能。然而在新的时代发展背景之下，人们对男装的功能提出了很多新的要求，即要求它能够具备一定的文化气息，能够满足现代人一定的精神需求等。随着人们对服装的要求越来越高，人们期望通过穿着特殊服装来提高自己的品位和地位，从而增加自己的荣誉感和自豪感。所以，男装行业的发展为了利益，而忽略了产业的过度发展和不协调发展所造成的负面影响。此外，还有不少的男装企业缺乏对消费者的真实需求的调查，它们盲目地效仿国外知名品牌的成功经验，用自己的思维方式来代替现实的消费需求，并在此基础之上揣摩消费者对男装的需求以及心理变化等，这样的做法往往难以达到理想的效果，从而造成一定的浪费。由此我们可以看到，男装产业在发展的过程中遇到了很多现实的问题，也出现了不合理的企业竞争等。然而随着男装产业的不断发展，很多现代人已经充分地意识到上述的各种现实问题，因而人们提出了要促使男装产业的人性化发展，从而使男装产业可以获得有序的发展。

在当今的男装行业里面，在实际的经营发展过程中，人们已经逐步认识到上述问题的弊端，以及对行业长远发展的不利影响，因而人们就开始越来越注重人性化的发展，这种人性化的发展体现在很多个不同的层面，如设计者在开发和设计男装时需要遵循人性化的原则，销售人员在对男装进行销售时也要十分重视消费者的个性化需求以及感受等，这样人性化的服务才更加能够俘获消费者的心理。具体分析而言，在男装的开发上，更注重对消费需求的前期调查和分析，注重顾客对产品的人性化需求，如消费者喜爱的男装面料等。有些品牌在产品研发阶段，采用雇用数位普通消费者进行部分产品的设计以及样品的评审，这样才会使男装的设计不会脱离实际。在产品销售方面，大力推广以顾客为中心的销售理念，为不同的消费者提供更加人性化、个性化的服务，从而使其获得与众不同的消费体验。这些措施都可以大力地提升消费者对男装品牌的好感度，使消费者在消费的过程中获得尊重与满足感。

第三节　男装设计的基本类型与方法

一、男装设计的基本类型

（一）艺术化男装设计

艺术化男装这种类型是具有创意和审美意义的一种男装，它体现了艺术的灵魂，尽管从使用功能的层面进行分析，大部分的艺术化男装都无法直接应用到人们的日常生活中，人们也没有办法像穿戴普通服装那样在现实生活中穿戴艺术化的男装。然而，艺术化的男装设计所表现出的是一种独特的审美意识和才情，在为人们提供艺术享受的同时，也在某种程度上增强了现代人的审美意识，同时艺术化男装也为其他种类男装设计的潮流提供了指导和参考。

1. 艺术化男装的定义

具有艺术性的服饰常常被视为具有创造性的服饰。当然，艺术化的男装设计离不开创意。然而我们需要强调的是，艺术化的男装不仅要有创意，还要有艺术的美感，没有艺术的审美，男装设计就不能成为艺术化的男装设计。从上述的分析中我们可以看出，艺术化男装并不是以其实用性为首要考量因素，也不是将来要推出的市场产品。艺术化男装在设计的过程中更加看重设计师的创作理念，更加注重表现设计者的思想等。也就是说，艺术化男装可以最大限度地发挥设计者的创造性，既能体现出设计师的主观意愿，又能充分发挥出设计师所拥有的潜能，这样能够使艺术化男装变得更加有层次性和内在美感。

就男性服装而言，艺术化男装的种类很多，如人们常见的各种大型比赛的服装、文艺表演场合中穿着的服装等。这些男装往往具有很强的艺术气息，它们能够较好地展现服装的艺术性，这样的艺术化男装往往会带给受众不一样的视觉体验和视觉感受，从而达到较为震撼的效果。众所周知，艺术化男装并不会大规模地生产和制造，也不需要考虑材料的价格，更不需要考虑太复杂的制作方法，因而它只要能够体现设计师的理念和创作风格就可以实现其创作目标。

2. 艺术化男装的设计目的

通常情况下，艺术化男装都具有一定的艺术性，也具有一定的创新性。这是因为艺术化男装在具体的设计过程中是不需要考虑制作成本的，这样设计者就可以充分地发挥自己的想象力和创造力，从而把自己对男装的创新思想表现出来，从而创作出令人眼前一亮的艺术化男装。

从功能的层面进行分析，大部分的艺术化男装都无法直接被普通的消费者在现实生活中穿着，因为这些男装往往造型十分夸张、色彩搭配等比较亮眼。但是，这种艺术化男装既可以使设计师的审美意识得到充分的体现，也可以为人们提供一种新的服装理念，并最终提升社会大众的整体审美水准。通常在服装设计领域中，艺术化男装往往很独特，它能够很好地反映设计者的创作理念以及创新想法，因而这些艺术化男装在服装大赛中往往更加有代表性。由此我们可以看出，艺术化男装的根本设计目的就是能更好地展示设计者的创作理念以及设计者的才华等。除此之外，设计者在对艺术化男装进行设计时还需要考虑某个主题活动的主题以及目的等，从而在一定范围内展示自己的创作想法。

3. 艺术化男装的设计内容

艺术化男装的设计种类很多，它们都具有较强的艺术性，下面具体分析艺术化男装的设计内容。

（1）文艺表演型男装

文艺表演型男装通常指那些在各类舞台或者各种广场上面进行表演的表演者所穿着的服装，这些男装往往都很有特色，能够使大众很快就辨别出他们表演的作品种类等，如舞蹈表演里面的男装、相声表演里面的男装、杂技表演里面的男装等，这些服装都是不一样的，但都有较强的文艺气息，能够展示设计者的创新观念。需要强调的是，在人们的日常生活之中会有很多不同种类的文艺表演，如春节联欢晚会、体育领域的各种开幕式以及闭幕式表演、大型的庆典等。这些文艺表演往往都会有固定的主题和要求。文艺表演中表演者的服装是为了让观众一眼就看清演员，从而对演员的表情、节目的题材以及内容等进行初步的判断。在这一类型的服装设计中，设计者需要准确地把握表演的主题等，从而设计出和主题有紧密联系的男装，这样才能够使文艺表演型的男装起到较好的桥梁作用，烘托表演的主题，给观众带来视觉盛宴。

由于观众大都是在远处观看文艺表演，所以设计者在服装的设计上应注意这些服装呈现出来的整体效果。具体分析而言，文艺表演型男装在设计的过程中更加注重表演性，因而设计者不需要过多地关注服装的实用性，设计者也不用太过于重视服装面料的质量以及工艺细节等，设计者需要格外地重视这类服装的外形效果和整体结构的处理等。

文艺表演类男装在服装材质的方面可以选择一些能够突显表演气氛的材质，如有些服装的材质可以呈现出亮闪闪的效果，又如有些服装的材质可以呈现出五彩斑斓的效果等，这些材质的文艺表演型男装都能够呈现很好的舞台效果，能够让观众看到星光熠熠的表演。这样的表演从整体上就更加能够吸引观众的注意力，愉悦观众的心情，同时也能够给观众带来美好的视觉体验，使演员的魅力更具吸引力。

（2）服装大赛型男装

服装大赛型男装指设计师专门为了参加各种男装大赛而设计的男装。最近几年来，我国的男装设计比赛越来越多，这些大赛对服装的要求也越来越高，这也对设计师的设计水准提出了更高的要求。目前，我国已经举办若干年并且专业的男装大赛有很多，如“中华杯”男士服装设计大赛等。这些大型的男装比赛不仅为青年设计师们提供了很好的学习和实践的机会，同时也为他们日后的发展打下了坚实的基础。此外，这些服装大赛为服装企业发掘了新的设计师，提升了品牌知名度和品牌形象。

对于男装的设计者而言，他们在进行服装比赛的时候，不仅要了解比赛的目的，还要了解比赛的主题、比赛的性质以及各种具体的参赛要求等，这样他们才能够在此基础之上设计参加比赛的男装作品，否则一旦作品不符合或者偏离了比赛的预定主题，那么设计者的作品就会失去竞争力。一般而言，男装大赛以创意为具体的评判标准，注重男装的美感与创意，一般以四至八套为一组，这就要求设计者能够从整体上把握男装的造型和色彩元素等，并且能够通过男装充分地表达自身的创意和理念等。

服装大赛型男装设计首先需要设计师找到一些具有新意的设计主题，若无新奇的主题他们也可以从过去的设计主题中寻求新的创意，赋予这些传统主题不一样的时代意义等。我们从设计元素的层面进行分析可以发现，服装大赛型男装往往在造型上处理得更加夸张和形象，其外形的轮廓也更加与众不同等。此外，由于普通的材质与传统的材质制作出来的作品，其视觉效果往往不够强烈，因而服装大赛型男装在设计的过程中通常会采用纸张、海绵以及钢丝等创新且不常见的材质，这些材质都很特别，因而会给男装增添很多新意，能够带给人不一样的感受。然而我们需要强调的是，设计者在用这些新颖的材质设计男装时，一定要能够考虑衣服的整体性和舒适性，方便人的活动，同时也要具有较强的安全性。

从色彩的层面进行分析，服装大赛型男装更加注重不同的视觉效果，同时要能够体现潮流时代感，并对整个系列的男装进行颜色的搭配，使男装系列看起来更加和谐、有序，有层次的美感。对于服装大赛型男装而言，设计师除了需要准确高效地处理其造型、色彩以及面料之外，设计师还要能够合理地为其进行配件的搭配，从而使男装更加有型，呈现更好的舞台表演效果，这就要求设计师一定要为服装大赛型男装搭配个性化的服饰配件，如眼镜、领带、鞋靴等，这些配件有的时候就可以起到画龙点睛的作用。

除了上述的要素之外，设计师在设计服装大赛型男装的时候还需要注重挖掘服装的文化内涵，从而赋予男装不一样的灵魂，这也是极其容易引起大众情感共鸣的元素之一。

(3) 节庆仪式型男装

礼仪行为是一种具有深刻文化意蕴的社交活动。在重要节庆活动中，节庆仪式型男装往往能够通过其独特的设计来起到一定的规范效果，这在我国很多地区都是约定俗成的。所谓节庆仪式型男装通常指那些在专门的节庆时期或者场所中人们所穿着的男装，这些男装大致包含 4 种不同的类型：第一种是晚礼服（出席晚会等）；第二种是婚礼服（应用于婚礼中）；第三种是仪仗服（应用于正规的场合）；第四种是唐装（能够体现中国的传统文化意蕴等）。

仪仗服是指在隆重的庆典仪式中仪仗行列穿着的礼服，从服装的款式、面料、制作的水平以及装饰上的搭配体现新的水准。仪仗服与军卫队服略有相同，前者比后者更有节日欢快热烈的气氛，后者强调威武庄严。仪仗服的造型挺拔、修身略有夸张。门襟多为单排扣或双排扣。在局部如帽子、衣袖、肩章、袖口、口袋、门襟处设有不同色彩的滚边。色彩以鲜亮的暖色调为主，配合金、银、黑、白等色调。面料上有高档呢、制服呢、华达呢、哔叽、直贡呢等，夏季会采用一些轻薄面料。工艺上多用镶拼、滚条等手法。装饰有各种帽子，如大盖帽、无檐帽、贝雷帽等，以及绶带、肩章、缨穗、领章、勋章、腰带、靴子等配饰，配饰的材料有羽毛、裘皮、编织带、皮革、丝绸、金属等，以突出整体的搭配性和豪华性。

此外，我们应注意到，由于中国服饰的盛行，在很多节庆活动中，唐装也开始被更多的男士关注，成为很多男士出席重要场合的首选服装。作为一种传统元素与现代元素的结合体，唐装在设计的过程中不仅要保留中国传统服饰的文化气息，还要在各个方面进行改进，以达到时尚的效果。这样才能够拓展唐装的应用范围，使其变得越来越与众不同，能够彰显男士的地位与品位。

（二）概念化男装设计

1. 概念化男装的定义

概念化男装指那些处于提出创意并且不断地试验各种创意的男装，这些男装不需要进行大规模的生产，因而设计者在设计的过程中往往不需要过多地考虑服装制造所需要的成本因素等，这样就会给予设计者更多的设计空间，使其摆脱成本因素的影响。它突破了男装的常规生产水准，是一种有远见的设计。事实上，概念化男装也是男装品牌具有实力的一种象征，能够很好地向大众展示服装领域中出现的创新科技以及应用等。

从功能角度来看，概念化男装是一种以探究、探索新服饰风格形态与新颖服装功能为主要目标的男装。由此我们可以看出，概念化男装具有较强的研究性，这是其他男装种类所不具备的特点。在应用范围上，大部分的概念化男装并不会大规模生产加工，它们也较少地投入市场中销售，概念化男装通常是设计者为了特定的目的或者一定的研究需要而设计的男装。

2. 概念化男装的设计目的

第一，因为概念化男装不会大规模地进行生产和加工，因而人们在市场中几乎不可能看到大量的概念化男装，其主要的目的就是对大众进行一定的引导，宣传品牌的设计理念以及人文底蕴等，从而来提升自身品牌的知名度。概念化男装往往能够展现某个品牌的设计师前卫的构思，以彰显品牌的设计师所拥有的惊人的创造力，并最终引领时尚的发展趋势。在品牌延伸方面，运用前卫、给人带来视觉冲击的概念设计，对新的男装进行摸索和设计，这是目前很多大型的品牌展示自己的设计理念和能力的一个重要途径。

第二，概念化男装通常被用在某个服装品牌的新品见面会与发布会上面，这样就可以以最快的速度宣传该品牌的最新设计理念以及潮流趋势等。此外，概念化男装有的时候也会被人们放到商场的橱窗进行展示，这样既能让顾客对新产品的概念有一个直观的认识，也能为下一步的生产做好准备，可以让顾客看到本公司的新产品，达到宣传公司的品牌观念的目的，能够较好地提升公司的品牌形象。所以，概念化男装的设计和陈列具有特殊的意义，这种引导和宣传的意义比产品的实际销售更重要，是引领品牌发展的一种时尚。

第三，概念化男装往往是用来传达某种理念或实现某种功能而进行设计的，因而在设计男装的过程中需要设计者具备一定的探索求新的精神。此外，设计者往往也会将新的纺织等相关的科研技术融入服装的设计之中。例如，穿着发光的衣服、穿着看不见的衣服设计等。这种男装并非日常穿着使用，而是为特定场合和特定用途而开发出来的。

3. 概念化男装的设计内容

（1）研究型男装

研究型男装指设计者运用一些全新的面料，并且在设计的过程中融入全新的技术手段，从而设计出具有新颖独特功能的男装，其设计往往需要经过很长时间的研究，反复地进行论证，从而把先进的服装设计技术等融入男装里面。研究型男装通常并没有具体的外形需求，在材质方面往往使用新开发的纺织原料，并融入新颖的技术，这样就会使研究型男装具有更强的功能性，显示出其独特的性能，如人们比较熟悉的能够发光的男装、能够隐形的男装等。研究型男装在设计的过程中也要重视各个细节的设计，如面料、色彩等，这样才能够更好地突显研究的目的。例如，设计者在设计能够发光的男装时一定要对面料进行深度的研究，从而突显衣服的闪光程度，设计者通常不会在男装的廓形方面过度关注，也不会采用过分夸张的廓形，这是因为简约的外观更能衬托出这款男装的发光作用。还有一种由美国科学家研制的具有较强研究性的男装，即“隐形军服”。这款军服的样式与普通的军装并没有什么区别，但是它却可以像变色龙一样，在任何情况下都能发生色彩变化，让穿着这款军服的人与周围的环境完美地融合一起，从而让其他人看不见这个人。这款军服就是在设计的过程中对面料进行了改造，加入了技术创新得来的微型发光粒子，从而使军服的色彩可以根据环境变化而变化，达到与周围环境融为一体的效果。

（2）展示型男装

展示型男装是一些服装公司为提高公司形象、宣传企业的新颖设计理念或者风格等而设计的一类男装。我们需要注意的是，在展示型男装的具体设计中，设计者设计的男装要注重与产品的特性、产品的风格相一致，能够在展示的过程中充分反映出公司产品的各种信息，这样人们就可以对该企业生产的男装有更加深入且细致的了解。例如，车模服装的设计其实就是一种展示型的男装，设计者设计这类服装的根本目的是让消费者可以更加深入地了解汽车的各种信息，并且要增加消费者的汽车购买意愿等。具体分析而言，设计者一定要充分认识汽车的性能、款式和特点等，这样设计者在设计车模服装时才能够有效地把服装的款式、材质、色彩等与汽车的款式和特性结合起来，达到服装与汽车的融合。若展出的汽车类型为运动型跑车，则展示型男装还需要根据对应的款式匹配设计；若为商务型轿车，则设计者在服饰设计上要与商务车的气质相匹配，更好地突显商务车的优点以及特色。此外，设计者除了要注意风格的设计之外，还要注意颜色的搭配，虽然这是一件展示用途的男装，需要有足够的穿透力，但是展示型男装却不能太过显眼，否则会达到相反的目的。对于汽车展示而言，人们关注的焦点应该是汽车，车模只是起到了一定的衬托作用，其耀眼的程度不应该超过汽车。

(3) 炒作型男装

炒作型男装一般都是前卫而独特的，因而这种类型的男装一般不会在市面上当作普通服装出售，它的应用范围主要在 T 台或者商城的展示橱窗里面，从而较好地宣传某个品牌服装设计的理念以及设计的整体风格等。换句话说，炒作型男装更加注重其宣传的功能，它的实用性并不强。需要强调的是，炒作型男装的设计理念和风格不仅要符合特定炒作的主题，还要符合时下的潮流形势。炒作型男装需要在造型、颜色等不同的方面尽量表现出品牌的特色。例如，在外形上进行了新的、夸张的外形设计；可以选择一些新颖、有创意的材料进行设计；可以选择颜色鲜艳、明亮、富有视觉冲击力的颜色，如金色、银色等，这些色彩在人们的日常生活中比较少见，因而这些色彩往往能够瞬间吸引大众的目光。由于炒作型男装具有较强的展示性，并不强调男装的舒适性等，因此这类服装对细节和做工的要求并不高。

(三) 成衣化男装设计

成衣化男装通常指可以直接在市场上进行销售的服装，也就是人们日常可以在各种渠道购买的服装。成衣化男装的设计者的首要任务就是将设计的服装进行大批量、规模化的生产，然后通过销售环节将成衣化男装转换成商品，从而为公司创造经济效益，并在这个过程中创造一定的社会效益。所以，成衣化男装既具有商品性，又具有一定的实用性。由于成衣化男装的终极目标是被顾客购买，从而满足消费者对“衣”的需求，这就需要设计者在设计成衣化男装时能够综合考虑多种因素，既要考虑时尚趋势和市场的现实需求，又要兼顾消费者的审美水准以及男装的制作成本等。如果成衣化男装的价格非常高，那么它的购买群体就会减少很多，会在一定程度上影响其销售。

1. 成衣化男装的定义

成衣是现代服装业中的一种专业术语，它主要指服装厂按规定的规格和标准等进行工业化的服装生产，从而在较短的时间内生产出大批量的成品服装。人们在裁缝铺定制的衣服、为演出而设计的服装等都不能列入成衣范围。一般情况下，人们在各种商场、服装店铺里销售的服装类型属于成衣的范畴。成衣是一种工业产品，它遵循了大批量生产的经济原理，具有生产自动化、产品规模化、品质标准化、包装统一的特点。此外，成衣商品里面往往会附带成衣相关的说明和标识，从而让人们可以清晰地知道该服装的品牌名称、衣服面料的化学成分以及如何洗涤和保养这件服装等。

18 世纪英国工业革命的爆发为纺织行业的发展带来了新的契机，科学家以及研究人员发明并且制造了缝纫机，同时也推出了很多不同色彩的化学染料等，这些都促使服装产业获得了较大的发展。与服装中的高级定制相比，成衣化服装是针对中、低端消费阶层的服装，它以较低的价格、较普通的面料以及简易的加工方法生产，使成衣的价格更便宜、应用范围更大，可以被更多的普通人接受。在成衣的制造过程中，生产者应该最大限度地减少繁杂的过程，这是一种大规模的批量生产，制造程序简单才可以不断地提升生产的效率。在设计时，设计者也要对消费者市场有一个整体的把握，要根据市场的定位、当下的流行趋势和消费者群体的真实服装需求等设计成衣化服装。成衣化男装既有一定的艺术美感，又具有较强的实用性，从而使服装可以得到消费者的认可，并且为企业盈利。

2. 成衣化男装的设计目的

随着工业化进程的加快，人们已经可以借助先进的技术手段等进行批量化的服装生产。这种批量化生产方式的优势很多，它可以在较短的时间内生产大量的成衣服装，满足市场的购买需求，同时它还可以在一定程度上降低生产的成本，使企业获得更多的利润。成衣化服装的出现使越来越多低收入阶层的人开始穿上时髦的衣服，使这些人群开始关注或者追求潮流，从而得到了广大消费者的认同。成衣化男装的设计实际上具有很强的目的性，它是为满足普通人群的现实需求而设计出来的，因而它能够被消费者直接穿戴，起到保暖、御寒等基本的功能。除此之外，成衣化男装还要适应当今社会的潮流，满足市场的要求，同时又要兼顾制作成本和美学价值，以满足越来越多的男性顾客对服装的需求。

3. 成衣化男装的设计内容

（1）零售型男装

零售型男装就是指生产者将成衣直接投放到市场之中，再通过销售环节将其转换成商品。由此可见，零售型男装是一种面向大众的服装，因此这类服装就会具有较强的商业性，即各个零售环节的人通过这种方式获利，同时它也具有较强的实用性，即消费者购买零售型男装，从而满足自身对服装的需求。这也对零售型男装的设计者提出了一定的要求，即其要根据目前或未来一段时期的流行趋势和市场状况等对零售型男装进行设计构思，提升服装的艺术性，同时设计者也需要综合考量消费者的品位与消费水准。因此在某种程度上，对零售型男装的设计者来说，既要有创意，又要有其他的能力。

在实际的生产过程中，实际的销售情况是衡量零售型男装设计者的设计水准和职业素质的一个重要指标，如果排除市场条件、品牌的宣传运作等其他的影响因素，那么服装市场的销量就和设计者对市场的了解、对消费者需求的洞察等息息相关。

从设计的角度来看，零售型男装在款式、服装风格、色彩和材质上都有不同的体现。零售型男装的设计风格是多种多样的，如经典风格、前卫风格、都市风格、运动风格等。不同风格的零售型男装往往会有不同的设计特点，遵循不同的设计准则等，这样才能够满足市场中不同消费者的风格需求。众所周知，因为消费者的年龄阶段不同、兴趣爱好不同、着装风格不同，所以不同的消费者往往会追求不同的零售型男装风格，这些多样化的风格就可以较好地满足不同消费者的实际需求，从而达到一种双赢的局面。从零售型男装的种类来看，它的种类有很多，如礼服、西装、衬衫、马甲、夹克、裤子等，不同种类的男装往往有不同的穿着场合，发挥不同的功能。从整体上进行分析，零售型男装比较注重服装的外形轮廓，强调精细的制造技术，然而它的设计不能太过烦琐，这是因为每一条结构线条的加入，都会导致制造的时间延长，增加生产的成本，这就会影响销售的利润。零售型男装的颜色应用范围更广，可以根据不同的款式进行选择。此外，零售型男装通常会选用优质且比较实用的材料，按材料自身状况及处理后的效果进行加工，设计者常用棉类、麻类以及化纤类的材料制作服装。

零售型男装的设计者除了要对每个单品的设计风格、颜色的精确度等进行确定外，他们在设计的过程中还必须要考虑零售型男装的整体效果，使零售型男装整体上的色彩和造型都更加和谐。

（2）制服型男装

制服型男装是一种十分注重功能、着装者的职业性质特点的服装。这类服装往往能够代表一类群体，体现这些群体的身份和社会地位等。例如，人们生活中随处可见穿着制服型男装的人群，消防员、警察等。除了上述特定职业的人群之外，很多服务行业的人群也会穿着制服型男装，如宾馆的服务人员等。

制服型男装由于比较特殊，因而设计者在设计这类男装的时候除了要考虑服装设计的基本问题之外，他们还需要对制服型男装的穿着者所从事的行业有充分的了解，这些服装要能反映出公司的品牌形象。对于设计者而言，他们在设计制服型男装之前就需要对其工作性质、环境、场所等进行深入的调研。再根据员工的具体工作岗位、员工的性别以及身处的职位的不同来制定出不同的制服型男装。

制服型男装一定要设计得舒适合身，这样相关的工作人员在工作中穿着制服型男装时才不会感到不舒服或者有强烈的束缚感，工作起来也方便。制服型男装在设计的时候应该尽量避免过于烦琐，这样不仅可以提升制作的效率，还能够在一定程度上降低制作的成本。此外，制服型男装在设计的过程中要结合员工的工作环境等来进行色彩的搭配，从而通过色彩体现职业的特征和庄重感。制服型男装常用的颜色有黑色、红色、白色、藏青色等。制服型男装的颜色具有一定的标志性色彩，能够给大众留下深刻的印象。例如，一提到邮局的工作人员，我们就可以想到邮局统一的制服型男装主要以绿色为主等。

制服型男装的面料不是固定的面料，不同的职业穿着的服装面料会存在一定的差异。例如，夏季的服装面料一般是涤纶、棉、麻等材质，而春季和秋季的服装面料主要是以驼丝锦、板司呢等面料为主，制服型男装的冬季服装面料主要是以麦尔登、涤棉卡其布等面料为主。除此之外，在特定工作环境中，制服型男装的款式和织物功能都必须具备一定的防护能力，如消防服装、医疗服装等，因此这些制服型男装所使用的面料必须对个体有一定的保护作用，这样制服型男装才可以较好地保护消防员以及医护人员等。一些新的天然材料，如大豆蛋白纤维等也被应用到制服型男装的春季和夏季的服装里面。随着纺织技术的进步，制服型男装所使用面料的功能日益丰富，服装的使用和穿着的舒适度也在不断提升。在服装的设计中，制服型男装注重象征意义和地位的划分。例如，设计者会在制服型男装的领口、袖口等地方采用不同材质的面料等进行特殊的处理，以彰显制服型男装的职业特点以及象征的意义。

二、男装设计的基本方法

男装设计有多种不同的方法，其设计的方式不同，适用的范围也不同，下面具体讨论男装设计的基本方法。

（一）仿生设计

从自然界中寻找启发，通过模仿手段在服装上展示出来，有的用于服装整体形态，有的用于局部。

（二）借鉴设计

从其他艺术中吸取灵感，并运用在服装上。

（三）联想设计

联想思维是通过思路的连接，把看似“毫不相干”的事件联系起来，从而达到新的成果的思维过程。

（四）极限法

为了取得出奇制胜的服装效果，在服装设计中，经常采用把事物的状态和特性推到极限去思考，探索其可能性和创作方法。通常表现在大小、长短、宽窄、覆盖与暴露程度等方面。

（五）变更法

改变服装的某一方面的现状而产生新的服装作品。如变换衣料、变换色彩、变换造型等。

（六）加减法

增加或删除服装现状中必要或不必要的因素，使其复杂化或简单化，这种方法更适用于服装装饰的设计而极少用于改变服装的轮廓。

（七）综合法

把服饰的两种功能综合在一起，产生新的复合功能。如围巾、项链、手表、手镯等就是一种复合功能的设计。①

---

① 燕萍，刘欢．男装设计［M］．石家庄：河北美术出版社，2009：16.

第二章　男装单品设计

在男装设计中，男装单品设计是重要的组成部分，设计者需要在实践中设计好每一件男装单品，从而给顾客留下比较好的印象，提升品牌的知名度。本章着重围绕男装单品设计的相关内容展开论述。

第一节　男装单品概念

在各种各样的服装产品里面，男装单品是一个十分重要的门类，因此这也是设计者关注和设计的重点产品之一。对于设计者而言，在设计男装单品时不仅要考虑服装设计的基本原则和基本要点，还需要根据每件单品自身的特点等进行设计，从而体现单品的个性化特征。具体分析而言，设计者在设计男装单品的时候需要充分地了解不同男装消费者的年龄特征、收入情况以及他们崇尚的生活方式等，这样他们才能够更加全面深刻地分析消费者的价值观念以及消费行为习惯等，从而设计出满足不同层次和品位的消费者需求的男装单品，这也能够为男装企业赢得市场占有率。

单品是指每一季所推出的产品中，产品与产品之间没有特定的关联，各自独立、单一存在的商品。单品设计的优势在于设计时限制因素较少，因而灵活性较大；缺点是不同风格、各自独立的单品混合在一起，整体感较弱，视觉效果不够突出，会分散、削弱竞争力。①

男装单品是指以某种服装品类或者年龄段、主体材料、民族、季节等性质划分的男装类型。从以上对男装单品的含义界定中，可以总结出按照不同划分标准得到的男装分类范畴。例如，按照年龄分类，男装单品可以分为婴儿男装（0~1 岁男童穿着的服装，尽管在日常生活中此时的男童婴儿装与女童婴儿装并没有太大区别）、幼儿男装（2~5 岁男童穿着的服装）、儿童男装（6~11 岁男

---

① 王勇．针织服装设计［M］．上海：东华大学出版社，2009：74.

童穿着的服装）、少年男装（12~17岁少年男性穿着的服装）、青年男装（18~30岁青年男性穿着的服装）、中年男装（31~50岁中年男性穿着的服装）、老年男装（51岁以上老年男性穿着的服装）。从气候与季节的角度来分类，男装单品可以分为春秋装（主要是指在春秋季节穿着的服装，如套装、单衣、风衣等）、冬装（指在冬季穿着的服装，如滑雪衫、羽绒服、大衣等）、夏装（指在夏季穿着的服装，如短袖衬衫、短裤、背心等）。

我们需要注意的是，上述分析和列举的男装单品只是其中的一部分，是常用男装分类方法，这种分类方法并不是一成不变的，也不是固定的。众所周知，随着大众生活条件的提升和改善，男装在制作的过程中所采用的材质和面料得到了进一步的改良，再加上男装裁剪的相关工艺也变得越来越呈体系化，使我们在日常生活之中很难准确地判断某种男装单品所属的类别等。因此，它很有可能同时具备了多种不同类别男装的特征，所以这种判断有一定的难度。这就要求人们必须采用多种方法并且从不同的视角来分析男装单品，这样的分析才会更加全面、科学、客观。

第二节　男装单品的设计原则与要点

一、男装单品设计的含义

男装单品的设计是设计者根据特定的种类、年龄以及民族等因素而进行的一种男性服饰的设计。因此，在进行设计时，设计者需要从目标受众人群或者个体入手，对目标人群里面的个人或群体的特点进行充分详细的研究等，从而设计出符合这些目标受众的男装单品。需要强调的是，在男装单品的具体设计过程中，设计者需要全方位地了解目标受众的各种信息，如生活习惯、潮流意识、消费行为等，这样他们才能够更加准确地把握消费者的心理和需求，从而设计出让消费者满意且性价比高的男装单品。

在男装设计中，男装设计的一个重要功能就是要体现出穿着者的阳刚之气，这就要求设计的产品要体现出穿戴者的个性和气质，要体现出男人的稳健与沉稳。设计者应从男装的风格、面料、色彩以及结构等方面进行全面考虑，并将其与服装设计有关的因素进行融合和调整，从而使男装单品的美感得到全面体现。

二、男装单品的设计原则

通常情况下，一件受欢迎的男装不仅要在款式的层面上进行创新，还要在面料、色彩等层面上进行创新。我们通过对比男性和女性的服装可以发现，男性对衣服的做工和颜色的要求都要比女性更高、更加严谨。

事实上，对于男性来说，一个高品质且适合他的男装不仅能够很好地彰显其身份，更为重要的是体现其男性的气质和内涵，从而给他人留下很好的印象。俗话说，人要穿好衣服才能穿得漂亮，一套衣服可以使一个人的气质变得很特殊，甚至可以改变他的人生价值观。因此，男装的设计更多的是表现男性的气质，突显男性的稳重特征，强调表现男性个性化的设计以及具有较强创意的设计，这样设计的男装才会被更多的男士认可和青睐，才会得到更多男士的欢迎。

（一）男装单品面料设计的原则

1. 面料感官语言

对于男装单品的设计者而言，其在设计男装单品的时候一定要对设计中运用的面料有充分清晰的认识，这样他们在设计的过程中才可以灵活地运用各种不同的面料。设计者需要了解面料的各种特点：一是面料的纤维含量；二是面料的重量；三是面料的外观，即人们可以看到的面料的光泽度、上面呈现出来的图案以及质地等；四是面料的悬垂性，悬垂性好的服装会给人带来很好的感觉；五是面料的手感，手感好的面料往往能够第一时间吸引消费者的目光；六是面料的价格与品质，设计者在设计中要把握好面料的价格和品质，从而提升服装的性价比。

2. 面料设计的原则

实际上，在具体的设计中，设计者通常运用对比和逆向思考的方法，突破视觉的男装设计规则，将不同特点和不同肌理的材质组合在一起，让消费者感受到其独特的设计意蕴，这往往也能够给消费者带来不一样的视觉体验。这些产品是用巧妙的手工进行设计并制作完成，能够使其充满活力，使其具有全新的设计美感，这种创新体现在很多方面，它不仅能够给消费者带来全新的视觉感受，也能够给消费者带来全新的触觉感受。除此之外，还有一些高级的男装品牌，则是针对客户的着装观念和穿着需求等综合地为客户提供定制的男装单品。而且，是通过改变面料进行的设计，而不是改变男装的风格和内部结构的设计，所以这种设计能够达到的效果是其他品牌无法比拟的。这是因为改变面料需要一定的面料制作技术，这种技术具有一定的难度，因而按照这种要求设计的男装的价格要高一些。所以，目前市面上许多服装品牌，尤其是男装的品牌都将面料设计作为其技术创新的突破口，通过这种方式来展示其产品的研发和创新，从而提升其在市场上的竞争优势。

通常情况下，全世界范围内的设计者对趋势进行预测时都会根据一定的标准，他们参考的主要标准就是色彩和纱线。换句话说，设计者在对服装的款式进行设计之前会考虑一些问题，其中选择色彩和材质是设计者首先要考虑的问题。事实上，每年国际上都有专门的面料博览会以及相关的流行趋势信息等，人们可以通过这些了解最新的面料发展动向。在面料因素的影响下，同一款式的衣服因面料的差异而有了明显的区别，因此其价格和流行度也会有很大的差别。对于男装而言，男装的面料是否流行主要受到如下因素的影响，即男装的面料的化学成分、手感、功能以及新技术的运用等。总之，从整体上看，目前国际上男装设计中的面料开始逐渐朝着自然、轻薄、环保等方向发展，具有这些特征的男装面料更加受到市场的欢迎。

为了更好地设计高品质的男装，作为男装设计师，必须熟悉各种应用面料的成分、质感、性能以及应用范围等，这样在具体的男装设计中才能够更加灵活地运用不同的面料，从而突显面料的特点，达到不同的男装风格。通常情况下，根据不同的划分标准，可以把面料划分为不同的种类，如根据面料是否具有光泽性把面料划分为光泽型面料和无光泽面料，不同的面料有不一样的应用空间，也有不同的设计效果。又如根据面料的空间感把面料划分为平整型面料和立体感面料等。

我们需要着重强调的是，设计者在设计男装单品时，不仅需要充分地考虑当时的气候特征、季节特点以及订单的需求量等因素，还需要认真地考虑不同顾客的个性化特点，从而根据顾客的个人特点进行差异化的设计。通常不同的个体之间具有较大的个体差异，同时不同的面料往往也会呈现不同的视觉和触觉感受，因而不同的个体穿着不同面料的衣服往往会有不同的感受，呈现给他人的状态也不同。即使若干不同体型的个体穿着相同面料的服装，其效果也会存在差异。所以，男士服装的设计要根据顾客的身高、体重、比例、精神面貌和气质等因素进行设计，从而更好地衬托顾客的各项需求。

（二）男装单品色彩设计的原则

1. 男装单品主流色系

（1）黑、白、灰无彩色系

黑、白、灰这三种颜色是服装设计里面运用最为广泛的色彩，也是人们在日常生活中可以看到的最多的色彩。然而从颜色的角度来分析，其实黑、白、灰是没有颜色的色彩，能够更好地体现服装的现代感。具体分析而言，黑色往往带给人一种神秘感和庄重感，这也是经典的颜色。灰色具有柔和的城市气息，与太空的颜色相近，因此灰色能够带给人一种高科技的感觉。此外，灰色在与其他色彩进行搭配时往往比较低调，会使人们更多地关注其他色彩。白色往往能够带给人一种纯洁、干净、利落的感觉，它能让人感受到一种宁静的气息。总之，在男装单品的设计中，黑、白、灰无彩色系运用非常广泛，这也是重要的色系。

(2) 蓝色系

实际上，在大自然中，人们能够看到的蓝色非常多，如蓝天、海洋等。蓝色是一种能够带给人冷静、理性、稳重的颜色，因此它也是许多男装的首要选择色彩。蓝色系是众多男装品牌的基础用色，也是点缀用色。几乎每一季度的流行色中都会有不同的蓝色出现。

纵观中国的发展历史我们可以发现，我国的服装一直都会广泛地运用蓝色，人们可以通过查看唐三彩以及其他瓷器中服装的色彩搭配来了解蓝色的适用范围。事实上，在国外，人们在服装设计中也会大量地运用蓝色，如人们熟悉的牛仔衣或者牛仔裤大多数都是蓝色的。在服装的设计上，蓝色是最好的选择之一，这主要包含两种原因：其一，从视觉心理的层面进行分析，蓝色往往能使人感到沉着和理性；其二，从颜色的科学化角度来说，蓝色可以减少员工在工作中出现的视觉疲劳。

(3) 米色系

米色是一种介于咖啡色和白色之间的颜色，它既有城市的典雅气息，又有几分城市的内敛之美。米色常常能够带给人一种温暖的感觉，而且米色可以和很多种其他不同的颜色进行互相的搭配。

(4) 咖啡色系

通常情况下，咖啡色带给人的感觉就是端正大方、得体靠谱。从性质上进行划分，咖啡色是一种相对比较中性的颜色，其颜色也没有太强的个性，既可以广泛地运用于男装设计中，也可以广泛地运用于女装设计中。它也可以和许多颜色相结合，会让人感到非常柔和，而当某种色彩与之形成鲜明对比时，则会破坏其随意的色彩个性。

(5) 红色系

通常红色会让人联想到火焰、人体的血液等。红色是一种感知力很强的色彩，它可以给人强烈的视觉冲击和精神刺激，从而使个体变得更加兴奋、热情或者愤怒等。

（6）橙色系

通常人们一提到橙色就会想到美味可口的橙子，其富含维生素，可以补充体力。橙色给人以欢快的心情，经常被用来表现欢乐的主题。事实上，橙色这种色彩往往能够带给人一种力量感，也能够带给人一种积极向上的能量。此外，橙色和其他不同的颜色融合会产生新的颜色，从而带给人不同的感受。

（7）黄色系

黄色给人一种阳光般的感觉，给人一种精神上的滋养。黄色这种色彩充满了明亮的快乐。一般情况下，男装里面黄色的点缀十分显眼，它也能够带给人一种不同的感觉。

（8）绿色系

在人类生活的大自然之中，我们随处都可以看到绿色，如绿色的大树、小草等。绿色代表着和平，往往给人一种生机勃勃的感觉。同时，绿色也具有一定的治愈作用，它能够在一定程度上降低人们的工作和生活压力等。

2. 色彩设计的原则

在具体的男装单品设计实践中，设计者往往都要根据男装的种类来选择搭配的色彩等。例如，夏季推出的男装单品和冬季推出的男装单品所采用的颜色会不一样，这是因为夏季天气炎热，人们也更加倾向于选择一些鲜艳的色彩。由于季节的不同，男装单品颜色的选择会有很大的空间。总之，设计者应从视觉、心理、颜色的整体协调等方面考虑和设计男装单品。当男装使用的色系不同时，颜色的不同给人的主观心理感觉也不尽相同。事实上，人们对颜色自身的内在感情的体验是一致的。在色彩的研究领域中，它既有暖色调，又有冷色调，因此服装不同的色系会让人产生不同的联想，如红色、黄色等鲜艳的颜色往往能够让人想到火、太阳等耀眼的东西，这些能够带给人温暖的感受，有一种充盈的感觉；蓝色和白色代表着海洋和冰水，给人一种冰凉的感觉，有一种收缩的感觉。从明度上进行分析，服装的明度不同，带给人的进退感也有差异。在整体上，明亮的颜色给人一种进的感觉，而较暗的颜色则给人一种退的感觉。此外，色彩还有轻重的差别，高亮度的颜色会给人一种轻盈的感觉，而低亮度的颜色会给人一种厚重的感觉。例如，白色、浅蓝色等色彩就会给人一种轻飘飘的感觉，而黑色以及棕色等色彩则给人一种厚重的感觉。因此在男装单品的具体设计中，设计者一定要能够十分巧妙地运用色彩的轻重感，从而更加灵活地运用色彩的搭配。

通过上述的分析可知，设计者在设计男装单品的过程中要综合考虑多种影响因素再决定使用的色彩以及色彩搭配，如季节因素、场合因素以及职业因素等，这样才能够使色彩更加适合人们的需求，同时彰显不同年龄阶段、不同性格特征以及不同职业个体的精神面貌。从整体上进行分析，一般年轻人的服装会采用鲜艳的色彩，而年长者以及特殊职业的人员服装会采用比较特定的色彩进行搭配。

（三）男装单品款式设计的原则

1. 款式设计理念

（1）设计对象研究

设计的终极目标就是要让顾客满意，因此，理解设计的目标就显得尤为重要。对于设计者来说，要知道顾客的生活方式、兴趣爱好、心理年龄、性格等方面的知识，只有这样，才能更有针对性地开展设计。

（2）材料的采集

在进行服装设计前，要借助设计师服装发布会、流行咨询网站、图书等，进行信息的搜集，同时也要了解服装市场开发、社会动态等方面的信息。设计师应该对所搜集的资料进行分析，并将某些风格和细节记录下来，以便为展开产品的设计做好准备。

（3）主题设计

主题设计是一种产品的设计思想的具体体现，它从人的生活方式、爱好、流行等方面的内容出发，对各种艺术的、流行的风格进行挑选，并且会聚焦面料、肌理、色彩、造型、图案等方面，由此去进行总体的趋势预测。

在进行主题设计时，应注意三个方面：一是尽可能多地选取有创意的画面，然后逐个对与主题关系密切的画面进行分析，使其主题更加清晰；二是对所搜集的图像进行加工，并将其组合在一起，构成新的图像主题；三是画面要清晰。

2. 款式设计要素

风格的设计应包括廓形、细节、质地等方面。

（1）廓形

男装的廓形变化相对比较固定，以 H 型、T 型为主，这是由男性的体型特点以及男性的社会形象所造成的。除此之外，斗篷式的 A 型以及 O 型等其他轮廓造型在男装设计中则比较少见。虽然现代男性着装受中性风的影响，如吸收女性化收腰、紧身的设计特点，但受男性身材特征的影响，总体给人的感觉还是 H 型和 T 型。

（2）细节

男装的款式设计一向没有太大的改变，而细节是男士服装的主要设计要点。细节的设计包括款式结构、装饰、零部件、内部工艺结构、辅料的细部设计和样式的设计。

在进行男装设计的时候，除了需要注重服装的款式，饰品的设计同样非常重要，不同的饰品会给穿着带来不同的视觉感受。

对于男性服装来说，其内衬采用全里衬、半里衬、无里衬三种工艺方案。在男士服装的细部设计中，内里的设计也很重要，往往会在设计中采用不同的里料，或者采用撞色的里料、撞色线条、装饰性的口袋等多种设计方法，从而更好地突显出男性服装的含蓄和细致。

（3）质地

质地主要是指服装带给人的第一感觉，是外观、手感和纱线组织的综合反映，这显然也是影响其造型的一个主要因素。同样的一种纤维，可以用多种方法编织出不同的织物，就像是一种棉质的纤维，它可以是坚硬的、厚实的、柔软的、舒服的，甚至是像宣纸一样的。

同样的衣服，如果使用不同材质的布料进行制作，会给人一种截然不同的穿着感受。皮革织物的骨架感觉好，具有较大的可塑性；天鹅绒面料柔软，无骨架，因此成衣的可塑性较差；毛料具有挺括、舒适的特点，并且具有较强的可塑性，而且因其为弹性纤维，可采用工艺方法增强其造型感觉。近年来，PVC 等具有光泽的布料材质也得到了广泛的应用，纹理织物的使用也日益增多。

3. 款式设计要点

与女装相比，男性服装的风格设计更加的含蓄和内敛，其改变的过程也比较缓慢，而随着男性消费水平越来越高，他们迫切想要找到一款物美价廉、个性时尚的男性服装，以满足他们的穿着需求。所以，这是一种现实的需求，对于男装的设计者来说，这也是一种激励、一种责任。

无论是男装的面料设计，还是男装的色彩设计，都要考虑到穿着的最终表现形式，也就是面料的设计、色彩的设计、结构的设计等方面的内容。男装单品风格设计主要有外轮廓设计、内部结构设计、细部设计、色彩搭配设计等。

在具体的设计过程中，设计师要把握品牌风格、目标人群、消费心理、着装季节等方面的因素，从这几个方面出发着手进行设计与开发。同时，还应该针对不同消费群体的消费水平，选用合适的面料以及工艺，使其符合消费者的需求。

三、男装单品的设计要点

按照不同的分类标准，可以将男装划分为不同的类别，包括不同年龄段、不同季节、不同材质、不同功能等，可以看出，男装的种类是非常多的。下面将列举四种具有代表性的男性服装类别，并对其进行具体的分类和设计。

（一）内衣种类与设计要点

1. 男士内衣的种类与特征

人们常说，服饰之美要由内而外，男人的内衣裤不但要有美感、讲究布料的使用以及样式的选择，与此同时，还应该保持干净和卫生。男士内衣的种类主要有长袖汗衫、T 恤衫、背心、平角裤、三角裤等。

因为内衣是与人的皮肤直接接触的，所以会对人体产生很大的影响。因为内裤的摩擦、保暖、吸湿等因素，所以男性的内裤往往更注重实用性。内裤的面料选择以棉、丝、毛等为主要原料的针织面料，以及较薄、柔软的针织制品，如果面料太硬，就会由于皮肤摩擦导致红肿。

近年来，随着物质技术的飞速发展，出现了许多新颖的内衣面料。这些经过高技术改造的面料，在弹性、保暖、吸湿、透气等方面表现出了良好的适应性，满足了人们的穿着需求。并且都达到或超越了自然纤维的性能，减少了对内衣用料的限制，大大丰富了男士内衣的设计和结构。

2. 男士内衣的设计要点

（1）根据不同的设计需求，可以选择 H 型、T 型、V 型等设计方式。

（2）宽大的男士内裤结构通常是比较简单的，而合体式的内裤则是按照身体表面的曲线和运动规律来划分，如果有特殊的需求，往往需要选择一些弹性更足的针织产品。

（3）在不影响使用功能的情况下，在进行布料选择的时候可以不局限于当下那些比较常见的材料，材料的选择可以更宽泛些。通常采用以自然纤维针织为主，梭织品为辅。新型织物在各种装饰内衣、修形内衣等特殊功能的设计中得到广泛应用。

（4）男士内衣颜色按设计需求进行选择，以明度高的浅色系列和明度中等的失色系列为最普遍。

（二）男士毛衫形式与设计要点

1. 男士毛衫的形式与特征

男士毛衫是拥有广泛市场空间的非正式服装。由于穿着场合与用途不同可以分为内衣和外套两类。内衣类毛衫通常以讲究舒适性、保暖性为主，其款式、面料和色彩多随不同的使用功能而变化，市场上常见的各种羊毛保暖内衣是其主流形式。

男士毛衫的外套主要指适于外穿的毛衫。20 世纪早期，社会变革直接影响了衣着生活方式的转变，内衣外穿开始成为一种时尚，其中的一部分逐渐从内衣中分离出来，很快就形成了在造型、结构、工艺、材质、风格上独具特色的服装类别。

在衣着的原始功能被日益提高的生活质量逐渐淡化和掩盖的现代社会，产品的设计者针对消费者的求异心理确定了流行战略。许多新材质得以开发并不断被运用到毛衫设计中，毛衫的形式不再局限于传统的材料与工艺。当那些通过仿毛、混纺技术处理过的棉、麻、丝以及化学纤维制成的毛衫同样具备了很好的品质，甚至更符合时尚潮流时，它们不仅在市场上获得了广阔的空间，而且在衣着美的意识形态上改变了人们对时尚的理解。

2. 男士毛衫设计要点

（1）男士毛衫以适体或宽松的 H 型、T 型轮廓线为主，也可以根据设计的要求采取某种组合型轮廓。

（2）平面结构是男士毛衫的主流形式。有时为了达到设计的特定要求，适体结构、变形结构和反结构方式会大量应用，但多数情况下是随着面料肌理的变换而同步出现。

（3）领型、门襟、袖口、底摆、前胸、后背是毛衫细节的中心区域，形式则可以根据流行特征而定，一般以体现男子阳刚或文雅气质的粗犷、简洁的形式为主。

（4）各种毛、麻、棉、丝、混纺、化纤等针织品以及以针织品为主的新型复合面料均可使用。突出面料的弹性与肌理效果是表现毛衫个性风格的重要途径。

（5）针织毛衫的平面结构在很大程度上造就了色彩和图案突破一般梭织服装的运用手法，高明度、高纯度的色彩，富有激情和浪漫风格的图案在毛衫设计中并不罕见。各种含灰色调能透视出着装者温文尔雅的气度。

（三）外套形式与设计要点

1. 男士外套的形式与特征

外套是男士穿着在最外面的衣服，起到了很好的防风雨、防严寒的作用。

传统的男士外套大多是根据场合而定的，如风度翩翩的都市风衣、暖和实用的旅游外套、轻薄的骑猎外套等。随着现代人的生活习惯的改变，男士外套按其功能可分为两种，一种是冬天的外套，另一种是春秋天的大衣。在造型选择上，一般男士外套的款式多为 H 型、T 型，而适用于青年及时髦男士的外套，可选用微 X 型的款式，而衣服的长度、宽松程度、肩袖的形状等细节特性，都是决定男士外套的个性的主要要素，往往一些细微的改变就会对服装的整体风格造成很大的影响。

在选择冬季外套的材料时，我们往往可以选择那些具有优良性能的毛绒材料。毛织物自身的质感和其带有的独特品位也是人们最喜爱的原因之一。与此相反，风衣的布料需要防风、防雨，通常可以使用不同材质的混合或化纤纤维。尤其是在物质技术飞速发展的今天，以化纤为代表的服装款式，在服装的设计上总能体现出一种新颖、时髦的气息。

从色彩上来说，通常在正式场合穿的外套都是比较合适的暗色，而带有花格图案、宽松、束腰（或不束腰）的呢大衣则往往在一些非正式的场合穿着。在室外运动时，可以选择穿着米色、烟灰色、咖啡色等中性色彩的外套。

外套的形状特点和样式组成都受肩袖的形状影响，方肩、袖子的形状往往与 X 型和 T 型进行搭配，这样往往就会更具有美感；而肩袖、半肩袖的设计适合应用到宽松或半宽松的 H 型服装中，这种设计不但符合各种服装的实用需求，也能使外套的整体造型更加协调。

2. 男士外套设计要点

（1）普通男士外套的款式可以是 H 型、T 型的，也可以是半宽松型的，其关键是每一部分的线条都要与外套的整体造型相协调。

（2）外套可选用保暖、结构丰满、垂感好的呢绒织物当主要的面料；外套能使用的材料是非常广泛的，除了羊毛以外，还有各种经过处理的合成纤维或化纤面料。

（3）男士外套通常使用深色或中性灰色，在选择颜色的时候，要根据不同的穿着场合和用途做出正确的穿衣决策。

（4）男士外套的细节变化通常比西装要多，可以设计出一些实用性很高的口袋，并且在选择配饰的时候，也可以适当灵活一些。

（四）男裤种类与设计要点

虽然在一些国家，男人穿裙子的习惯还保留着，但在大多数情况下，男人的下装依然是以裤子为主。

1. 男裤的种类与特征

男裤的类型多种多样，因穿着时间、场合、目的等不同，其形态与构造也是多种多样的，大体可分为以下三类，下面对其进行简要介绍。

（1）普通型

以男士西装为代表的这种类型属于普通类型。这种裤子合身度适中，功能强大，其造型优美、线条流畅，能把人体的自然美与服饰的礼节美完美地融合在一起，显示出其庄严、大气、舒适、实用的特点。

（2）适体型

牛仔裤、舞蹈练功裤是一种典型的适合身材的裤子，穿着这种裤子能够很好地突出身体的自然之美。外形的适应性使得裤子的组织结构变得非常紧凑，各部位的松紧程度极低，除限制了围度和直裆量之外，大部分的内部结构线在不考虑面料弹性的情况下，会改变自己弯曲的状态。如裆部的侧面缝合，就会出现非常明显的变化。而织物的弹性在某种程度上也能克服形体和结构方面存在的不足，这也是近几年弹性织物风靡的主要原因。

（3）宽松型

对于年轻人而言，很多人都不喜欢束缚，宽松的长裤是年轻人的最爱。这种裤子的设计往往突显出很多独特的个人元素，并且也运用了很多丰富的装饰技巧，实用而漂亮的袋型、袋位等显然是对过去模式的突破，这使得设计元素的组合更不受程序的限制，从而让人们可以感受到那种漫不经心的浪漫气息。

2. 男裤设计要点

（1）男裤的造型可以是多种多样的，主要有 H 型、T 型，也可以是各种形式的组合。

（2）男裤的构造，要根据裤子外形的不同而改变。首先，不管裤子的款式怎样，腰围和胯部的增长都呈正比关系。另外，裤裆的位置也会随着合身的程度而进行高度的调整。其次，越是那些较为常见、比较普通的裤装，其组织形态就会越注重内在的实用性，不会以外在的方式去追求一些特殊的性能。

（3）在进行男裤的设计时，往往会从细节着手开展设计，并且会聚焦于腰部和臀部，而男裤的背面改变更为明显，有时候设计师还会将焦点放在下摆、侧面、正面，这在宽松的男裤中更为突出。

（4）大部分普通男裤使用的布料都是可塑性和保形性好的，而高档西裤则使用优质的纯毛或混纺材料，其优点是容易洗，并且不容易变形。对于那些适合尺寸及宽松的男裤，其面料的选择范围更大，各种梭织、针织类的棉、毛等面料均可采用。近几年，随着弹性纤维的不断发展和使用，男裤的布料种类越来越多，而布料的特性也在不断地改变着男裤的形状。

（5）在进行男裤设计的时候，还需要考虑它与上衣的搭配程度，尽管可以选择不同的风格，但是外套与男裤要做到风格上的统一。

第三章　系列男装设计

现代服装设计是设计师根据消费者的穿着需求，将材料、技术与艺术融合体现，其本质是为人们选择和创造新的生活方式。作为与人关系密切的时尚产品，服装设计有特殊的款式特点、材质的运用、色彩的配置、部件的设计与流行的把握。设计师的工作重点集中在审美创造上，这一过程浓缩了设计师对审美技巧的积累，对技术的熟练掌握和对商业形势、生产控制等多方面的深刻理解。同时，随着设计行业的不断发展和成熟，行业竞争日益激烈，企业所需要的不再仅仅是单品的设计，而是更需要系列产品的设计，以便占领更大的市场份额。

第一节　系列设计概述

一、单品设计与系列设计的区别

单品设计和系列设计是服装产品开发过程中常用的两种方法，这两种方法既具有各自的特点，同时又相互关联。

通常情况下，定位于低端市场的小型服装制造商、批发商和零售商会选择单品的方式进行生产和销售，因为单品的灵活性比较大，设计和生产周期都比较短，易于快速对流行趋势和市场上热卖的款式做出反应，以迅速组织生产迎合市场需求，可以减少产品开发设计的风险损失，降低成本。但聚焦于单品设计的服装厂商大多品牌意识薄弱，品牌效应不强，产品附加值较低，依赖于薄利多销，处于被动跟跑市场的状态。

系列是指既相互关联又相互制约的一组事物。服装系列设计是基于共同的主题、风格，在款式、色彩和材料等各个因素之间相互呼应、相辅相成的多套服装整体设计。

服装系列设计是指系列化的服装设计产品。在系列设计中单套服装与多套服装相互关联的关系，必定有着某种延伸、扩展的元素，有着形成鲜明的系列产品的动因关系，它们多是根据某一主题而设计制作的具有相同因素而又多数量、多件套的独立作品。每一系列服装在多元素组合中表现出来的美感特征，也是系列服装的基本概念。①

系列化设计的优势是主题明确、风格统一，每一系列的设计作品或开发的产品既具有丰富的款式变化，同时又是同一理念下的延伸发展，因而整体感强，视觉效果突出，有助于凝聚竞争力。

产品系列化设计是工业革命以来，产品设计标准化发展的高级形式。对于服装制造商而言，可以满足消费者多方面的需求，有助于更好地吸引消费者，以及增加其对市场的应变能力和提高竞争的综合实力。这也是品牌服装（尤其是国际奢侈品牌）每一季度所推出的时装秀都会有鲜明的设计主题以及多达数十套甚至上百套成系列的新品设计的原因。

单品设计和系列设计方法既可以各自独立运用，有时也相互关联。从单品设计中，可以延伸出系列设计的丰富变化；从系列设计中，也可以筛选、提炼出热卖的单品设计，甚至沉淀为经典的基本款设计。②

二、系列设计的分类与特点

（一）系列设计的分类

1. 按穿着搭配风格划分

根据穿着搭配风格进行分类是最常见、也是符合消费需求的一种分类方式，尤其适合大中型服装品牌。对于同一类型的商品，包括各种不同的样式，如果搭配起来比较容易，就能形成多种穿衣形式，经常被放到一起展示。

2. 按款式特征划分

根据款式特征进行分类，更适用于小型系列产品。例如，同时推出了一套宽松但结构新颖的服装系列，面料虽有差异，但风格线条的设计方法却相似，能为消费者创造出独一无二、持久的服装形象。这也是一种节省设计思路的有效方式，同样的灵感，通过精细的调整，应用到各种织物中，不仅能丰富产品，还能使风格更加统一。

---

① 杨晓艳．服装设计与创意［M］．成都：电子科技大学出版社，2017：73.

② 王勇．针织服装设计［M］．上海：东华大学出版社，2009：74.

3. 按主色调划分

根据主色调来进行划分，往往能够让人拥有一种统一的视觉效果。不管是展示还是穿着，都会给人带来协调的感受。该系列的设计难点在于难以找到同一主色调的服装材料。大中型成衣公司采用一些特殊的工艺，如定织、定染等，往往就能取得较好的效果。

4. 按主要面料划分

根据主要面料进行划分，方便生产，特别适合特殊或价格较高的布料。在此系列的设计中，重点强调主要面料的样式，辅以其他的一些面料与辅料，这样的设计才能使主要面料的优势得以最大化。

5. 按主图案风格划分

以某一式样为主打的服装企业，通常其产品种类比较单一。例如，专攻T恤的公司，通常会把他们的产品类别分成不同的样式。

6. 按工艺技术划分

根据工艺技术的不同，一般可以采用不同的加工工艺。例如，不同的洗涤方式可以构成一套截然不同的产品；T型通过不同的印刷方法，也能生产出不同的产品。

（二）系列设计的特点

1. 整体性强

服装系列的形态变化是贯穿于设计过程始终的，每种服装都有自己的特点，但是它们的结合却是统一的，往往可以带给人一种统一的感觉。设计师从色彩、面料的风格构思等方面出发进行设计，可以紧凑地展示出一套服装多种不同的层次，使品牌的风格等都能得到充分的体现。

2. 协调一致

对于服装的设计来说，应该注重一些基础的要素所发挥出的作用，如款式、面料、色彩等通过个不同的组合方式，往往就可以给人带来不同的效果。而对设计的款式、服饰配件、年龄、穿着状况等维度进行不同的组合，也可以让人获得不同的体验，那么在设计时要兼顾服饰和人的各方面的差异和协调，并将多个维度进行整合。

3. 从一系列设计中得到启发

设计是一种创造生命、为生命服务的过程，在我们的生活中，到处都有灵感。

(1) 自然的启发

大自然的植物和花朵各有各的美感，在观看这些美好事物的时候，就会激发出设计师们的创意，花形、纹理等材料经过色彩处理大师的调配，可以让T型台变成春天的花园。

动物种类繁多、姿态可爱，给人类带来无穷无尽的灵感，特别是那些自然生成的毛皮，是时装设计师最常借鉴的设计材料。

自然界的色彩是非常美丽的，这些斑斓的色彩也为设计师们带来了时尚的设计灵感，其中自然颜色包括森林色、岩石色、泥土色、冰川色、稻草色等。

（2）从社会趋势中得到启发

服饰是人类社会生活的一面镜子，是时代和文化形态下的社会活动的一种表现。人的生存环境是真实的，社会的变迁、文化的变化都会让人印象深刻。社会上出现的一些新的思想、新的革新运动、新的体育运动项目等都可以传达出一种时尚的信息，让人的心灵与精神都为之一振。敏锐的时尚设计师会抓住新时尚的潮流，推出反映时代新意的服饰。

（3）受时代题材启发

后现代主义服装设计以“年代”为主题，根据特定时期的服装、流行的时代背景，结合当下的美学理念，加以提炼和升华，以满足特定时代记忆的心理需求。牛仔裤之所以风靡全球，是因为其耐穿和休闲的特性，同时也是一种对粗犷的西部牛仔风格的依恋。牛仔的经典款式有粗蓝布、铜钉、流苏、靴子、宽大的腰带。西部牛仔风格的主要特点是表面雕刻着蔓草花的牛仔长筒靴和宽边式牛仔帽。

三、系列设计的原则、步骤与方法

（一）系列设计的原则

优质产品具有层次分明、内容丰富、条理分明的特点，但对设计、采购、生产等各方面的需求都很高。在现代服装采购和生产管理中，确保系列服装的平稳销售是一个非常重要的问题。

1. 统一变化

如果某些产品要成为系列产品，一定要拥有统一的特色，否则就是一盘散沙。例如，一些小公司的季度产品，里面有很多的设计，每一个设计都很完美，很有创意，但是里面的设计实在是太多了。尽管这些产品的样式大体相似，但是它们之间的关系很随便，并没有被突出。

“统一性”是指系列产品中会存在一个或多个共有的要素，把这些要素联系在一起，就会形成一个整体。如果单一、不改变，那么产品就会没有吸引力。

在这种一致性的基础上，一个设计概念可以通过细微的改变，扩展到各种产品中，从而达到一个丰富、平衡的视觉效果。要达到“一贯性”和“多样性”，就是要不断重复地强调某种特性。

2. 主题突出

重点是要突出设计要点。结构细节、面料搭配方法、款式等，都可以作为一个系列的设计要点，只要能吸引顾客。主题往往会借助启发性、趣味性的语言来进行表达，从而烘托出设计要点，同时，产品也将语言的概念具象化。一些产品虽然有连续变化的设计要点，但由于脱离了设计的主题，或是设计的表现力量不足，无法实现预期的设计目的。

3. 层次分明

一些系列的产品能够做到统一和多样化，但是却给人以平淡无奇的感觉，是因为设计师把设计的重点都集中在了每一个产品上，没有强弱的差别，缺乏层次性。在分层系列设计原则的指引下，设计师在进行产品设计的时候就会设计出不同的产品，如主打产品、衬托产品、延伸产品、尝试产品等。主打的产品显然是最好的、最完整的，能够把设计的要点充分展示出来；而衬托产品，就比较差一点，不管是视觉效果，还是设计风格，都比较单调，主要是为了衬托出主打产品的优势；延伸产品是将主要产品的亮点进行延展和改变，使得整体的分量更大；尝试产品就是要进行更加大胆的设计，尝试使用一些不太传统的设计方法来增加产品的视觉效果，同时也能吸引更多的时尚消费者。①

（二）系列设计的步骤

服装的系列化设计是一种非常常见的产品研发模式。系列化设计是一种以相同或相似元素所构成的服装产品组的形式，能产生一定的内在关联性以及系列主题感，同时具有独立又统一的视觉感受。值得一提的是，由于系列服装一般在两套及两套服装以上，是多套服装所构成的一个有机整体，所以彼此之间要充分体现出一个关联性，强调一个系列的整体感。欣赏作品时，系列中的每一套服装都有着各自独立变化的一面，放在一起又立刻会产生一种系列的统一感。

1. 调研

收集第一手流行资讯（色彩、廓形、细节、材质以及搭配方式等），寻找主题灵感。

2. 制作主题板

将主题灵感以及该系列中要用到的一些细节元素，以图片或照片的方式制

---

① 谭国亮．品牌服装产品规划　第2版［M］．北京：中国纺织出版社，2018：97.

成主题板。一般一个系列可以做成主题造型板、色彩板、材质板，也可以合在一起制作成一块系列主题综合板。

3. 款式设计

根据主题板，运用拓展设计的方法进行系列中款式的具体化设计，注意考虑系列效果的整体性以及系列中个体彼此间的关联性。设计中需抓住点、线、面的控制，这里的点、线、面与前面的概念不同，点是指系列中统一的设计元素，线是指贯穿始终的风格路线，面是指整体的视觉效果。

4. 系列搭配

系列搭配是指设计师在模拟展厅里将自己设计的系列作品，按照方案中设想的搭配方式进行模拟出样，并拍照留档。值得一提的是，如果在进行款式设计时，设计师没有从整体出发，没有按照主题板和系列主题进行设计，最后在模拟出样时往往会出现某一款服装与系列不相关的现象。

服装的系列有许多划分方法，以下 13 种系列仅供参考。

（1）同一穿着对象系列，如婴儿系列、少女系列、中老年系列等。

（2）不同穿着对象系列，如母子装、父子装、情侣装等。

（3）同一类型系列，如裙子系列、裤子系列、T 恤系列等。

（4）不同类型系列，如内外衣系列、上下装系列等。

（5）同一季节系列，如春、夏、秋、冬系列等。

（6）同一面料系列，如采用同一种或同类面料，但款式、色彩不同的服装系列。

（7）不同面料系列，如采用不同面料设计同一类型的服装系列。

（8）同一色彩系列，如采用同一色彩或同一色系面料设计的服装系列。

（9）不同色彩系列，如采用不同色彩面料设计的服装系列。

（10）同一装饰类型系列，如绣同一类型的花型、具有同一类型镶边的系列。

（11）不同装饰类型系列，如同一类型服装或同一类型的面料，但装饰类型不同的系列。

（12）同一风格系列，不论服装类型、面料类型、色彩是否一致，但风格上保持一致的系列。

（13）不同风格系列，对同一穿着对象、同一类面料或同一类服装类型，作不同风格设计的系列。

“系列”是表达一类产品中具有相同或相似的要素，且依一定的次序和内部关联构成完整而又有联系的产品或作品形式。以上各系列中，有的统一性多一些，有的统一性少一些，但至少应保持某一方面的统一性，否则也就不能成为系列了。

（三）系列设计方法

从本质上来说，服装系列是不同服装群的组合设计。在成衣系列中，系列的逻辑是其系列的特色。在具体的设计中，多从横向和纵向两个角度来考虑。

从纵向上看，服装的功能性与单品服装会在很多的方面存在不同，可以从平面形态、色彩、面料、结构、工艺等方面进行考察；从横向上看，主要是单一服装与系列服装之间会存在一定的逻辑联系。

人在进行穿着搭配的时候也要思考人与服装的关系、人与社会的关系、人与人的整体和谐等一系列的逻辑关系。因此，系列设计中的成组服饰团体，服装系列的形象与服装系列的样式之间的逻辑联系，也是服装系列的特征。

综合各方面的因素，设计师在设计的时候可以采取如下措施。

1. 设置主题

大多数的系列设计，都有一个明确的设计主题，这个主题是要表达的中心思想。

2. 确定服装的基本类型

对于系列设计而言，其是由多组服装组成，但是在设计之初，仍需遵循由一至多的设计原则，可以从那些基本的轮廓造型出发进行设计，并应注重不同形式的组合。

3. 服装配饰

服装配饰，是一种辅助物品，能够对人起到一定的装饰和美化作用，可根据主题选择相应的服装配饰，这样往往会起到比较好的效果。

服装系列设计是一种在具体的服装作品中，表现出相同或类似的要素，通过特定的顺序和内在的联系，形成一个完整的、互相联系的设计作品。服装系列的设计是通过各种要素的组合来体现服装的整体感觉，它是从服装的造型、色彩、配饰等方面进行的。这些要素构成了服装系列设计的整体，其结合是一种综合使用的关系。

在组合中，一定要注意搭配的和谐和统一，并注重在设计中给人所带来的一系列的整体感受。在服装系列设计中，每一件衣服之间必然会存在着某些互相联系的要素，从而使服装设计作品产生一系列的成因关系。服装系列的设计，不仅为服装的市场定位提供了清晰的定位，更是强调了服装的个性化、时尚化和休闲化，以迎合顾客的心理需求。服装系列在服装市场中占有重要地位，要想与服装设计当前的设计趋势相适应，必须要把握其发展趋势，并能做出更好的产品。①

四、系列设计模式

（一）单项统一模式

单项统一模式指强调服装系列作品中某一元素的一致性，如廓形、色彩、内部细节等，并以此展开系列设计的模式。单项统一模式的视觉冲击力强、服装系列感强，但有时会因为过于单一化处理，而使得系列中的单套服装缺乏变化与市场性。单项统一模式主要有以下4种类型。

（1）主题系列：如婚纱系列、旗袍系列、都市系列等。

（2）廓形系列：如硬朗T型、性感X型、可爱O型等。

（3）内部细节系列：如郁金香造型系列、田园风格编织系列等。

（4）材质系列：如高贵丝绸系列、棉麻休闲系列、浪漫蕾丝相拼系列等。

（二）综合统一模式

综合统一模式指作品系列中拥有一个统一的设计主题灵感，围绕主题不仅在服装风格上统一，而且在造型、材质、色彩、主题细节以及服装整体搭配等方面都做到统一与变化和谐共存的系列模式。这种系列设计模式虽然没有单项统一模式那么具有强烈的视觉冲击力，但它的市场性以及系列中单套服装的变化性较强，服装品类丰富，消费者的产品选择面更大。②

第二节　系列男装设计的特点与规律

一、对称与均衡

对称是指整体的各个部位，在现实中或想象中的对称轴线或对称点的两边，都有同样的体积对应，从视觉上来说，可以带给人一种自然、均匀、协调、典雅、完美的朴素感受，这与人们的视觉习惯相一致。③ 对称是一种均衡形式，主要有两种表现形式，一种是镜面对称，另一种是相对对称。

---

① 王欣．服装设计基础［M］．重庆：重庆大学出版社，2016：82.

② 倪进方．服装专题设计与应用［M］．长春：吉林大学出版社，2018：219.

③ 沈宏，王翠翠．构成基础［M］．重庆：重庆大学出版社，2021：31.

平衡是一种形式的美。在男性服装中，对称性是以前襟为中心，左右造型、颜色相同的形态。非对称的平衡是指在服装的外部形态上，局部和局部之间的或中间的以前襟为中心，左右的造型、颜色具有等量的不等形，或对等的非对称关系。前者的风格端庄、稳重；后者，则是灵活自如，充满了多样性。

男性服装的设计，多以对称性来体现男性服装的庄严与内在的气质。运用非对称的平衡形式，表现出活泼、动感的情感。在一系列作品中，这种视觉上的均衡应该成为衡量男性服装各要素排列的形式美规律。对于每一件男装而言，都有这种形式上的平衡，通过这样的设计手法，可以让系列作品的造型给人带来更多的美感。

二、比例与分割

比例是任何艺术作品的结构基础。就单套男装而言，比例关系的把握是衣服的长短、衣袖的大小、分割线的上下和颜色的配比等。在系列男装中，比例关系的把握不仅是单套男装中有关的比例，更重要的是不同单品的男装之间色彩的面积比、配饰大小的空间比、饰物的多少及配比等，会使系列男装部分与部分、部分与整体之间展示出一定的美感。

比例是所有艺术品的基本构成要素。在一件男装中，设计者要掌握好衣长、衣袖大小、分割线的上下、色彩的搭配，通过运用不同男装之间内部的一些联系，从而给人带来视觉上统一、和谐的感受。

三、节奏与韵律

韵律是指在图像中所拥有的同样或类似的视觉要素，这些要素往往会以特定的规则不断地出现，从而可以找到某些规律。在构图中体现出这样的节拍，会让画面有一种节奏感。① 韵律是一种能够使人的视觉持续地移动并产生动作的感官。

从服装的造型上来说，这种节奏与音乐中的节奏显然是存在区别的，对于服装中的节奏往往指的是线的重复、色彩的变化、点的重复等方面的内容。通过对服装的构成要素进行不同的搭配方式，可以找到更为合适的设计形式。

四、强调与点缀

好的设计都有一个突出的视觉中心，它是人们关注的焦点，这是服装的一

① 甘霖，周佳驿．摄影构图、用光与色彩设计［M］．北京：中国青年出版社，2019：75.

个重要表达方式。在一件套的男性服装中，西装外套的口袋里有一条装饰围巾，是一种强调性的工具；在穿着西装衬衣以及背心时，领带也是一种装饰品；在一套多款男性服装中，一定要有一件男性服装作为这一系列产品的核心，这样才能让这一系列产品显得更加光彩夺目。

五、和谐与统一

和谐的事物是极具美感的，如果一件服装的局部与局部、局部与整体或事物之间存在一定的协调关系，那么就会给人带来一种和谐之美。只有遵循和谐的服装设计原则，才能让人们感受到服装拥有的美感。在形体上的协调往往是借助同一属性的元素的结合来实现的，对于设计者来说，往往可以通过追求形状、颜色或质地（纹理）的一致性来达到这一目标。另外，通过组织、呼应、重复、顺序等多种方法，也能达到一种和谐的效果。

"和谐"与"反差"是一对矛盾的整体，对于设计者来说，要善于权衡两者之间的关系，并根据具体的情况灵活运用，使两者有机地、积极地结合起来，以达到更好的美学效果，这就是"多样统一"审美理念的实现。在一定程度上，形体归根结底就是和谐与反差的关系，而中国传统文化的"二元思辨"则是最好的诠释。在"和谐"与"反差"的辩证关系中，可以衍生出各种不同的审美意蕴。①

和谐与统一是系列男装设计中最完美的外在体现，无论是对男士的搭配，还是对系列的设计，整体美的服装都呈现出一种统一、协调的基本特点。这是形式美的根本法则，是一种更高层次的形式。一套男装的"和谐"，需要不同部分之间的配合来实现。单一的服装在形体、色彩、材料、面积等各方面都会有一定的差别，但是在一组完整的设计中，这种差别要适当，不然就会显得凌乱。

服装整体美的实现会受到很多因素的影响，如着装者的气质、所佩戴的饰品，以及这些内容之间是否协调。除此之外，面的变化与统一也会构成一种协调。如果这个设计的意图是很细微的，那么就应当恰当地使用设计原理，使多种设计元素结合在一起，形成一种和谐统一的感觉。②

---

① 杜士英．视觉传达设计原理［M］．上海：上海人民美术出版社，2009：177.

② 燕萍，刘欢．男装设计［M］．石家庄：河北美术出版社，2009：76.

第三节　系列男装设计的构思与方法

一、系列男装设计的构思

（一）系列的创造性构思

不同的设计师的想法是不同的，在他们的脑海中，会存在不同的构思，从本质上来说，构思是设计师在创作中产生的思想活动。思维的主体是设计师，在人的主导作用下，将思维的对象、工具等结合起来，从而完成构思环节。

男性服装系列设计和其他艺术设计一样，都是一种具有创造性的思维活动，其并不是一种单一的思考模式，而是由多种不同的思考模式综合而成。换言之，在思考时，只局限于一种思考模式是无法解决问题的，需要全方位的创新。

服装设计的核心是完成男性服装的二次设计与整个服装搭配的创造性活动。从思维层面来看，设计理念既有科技的特点，也有美术美学的特点。从理论上讲，“序列思维”在美学上规范了感知与想象的倾向，这是一种链式的、递进式的思维方式，并且与形象思维之间有相互渗透的作用。

其内容是从实际操作中选择、提炼作品主题，并对作品的系列主题进行构思，由此就可以决定系列男装的结构尺寸、工艺，在这个过程中，设计者还应该寻找最合适的组合搭配方式。通过设计的效果图，可以把概念形象地表达出来，显然这是整个系列设计美学中不可或缺的一部分。在形象、创造性的构思和表达上，系列思维要无声无息地发挥作用，从而使构思立意新颖独特，服装效果达到完美。

（二）系列男装设计的创造性意识

没有什么东西是可以独立存在，与外界毫无关系的，不同的事物之间存在着各种不同的关系。系列男装设计研究由单一的研究方法转变为多元的研究，即从多个角度、综合系列的角度来考虑服装的陈列和使用效果。男装系列的设计和其他艺术设计一样，都是一种富有创意的作品。因此，从更广阔的角度去探索一个目标，是当代设计理念的一个重要特色，也是其思维特色。

在男装系列中，鞋、帽、箱包、配饰等产品的概念之间，都会存在很大的不同。

从产品的总体上来看，产品的种类包括鞋、服装、裤装、外套、大衣、手套等，这是从产品的垂直发展态势对其进行分类的。服装系列在本质上是对服装形态进行设计和对产品进行系列化的设计。服装系列的设计效应，体现了各种服装的物质性和美学意蕴。

男性服装的系列设计需要深入考虑技术与材质，除此之外，还应该深入进行造型设计、色彩设计、技术结构设计等方面的内容。不同之处是，产品设计为单件服装，设计的思路也是从服装开始，以个案的角度探讨一套服装的风格，注重对物件的美化；而系列服装设计的最终目标是以某一类人群的服装形象或服装文化与风格的传递设计为目标，侧重于体现男性人群服装的文化内涵和生存状态。其设计理念的方式是以人为起点，将所有单一产品进行二次设计，重点在于在总体规划时要考虑到系列样式的分类。

服装形象设计本身就是一种单一种类的综合，或者处于“合成”的状态。

1. 通过派生、重组、结构等手段可以将“同质”元素的组合形式进行系列化

这是由某一要素组成的，它们的外形、图案、颜色或细节等性质相同，可以通过改变某一要素的位置或者方位等达成和谐的状态。

2. 通过派生、重组、结构等方法将“异质”元素的组合形式进行系列化

这是由一个要素的图案、细节等的不同反差构成的。在各种组合的系列方法中，“同质”所突显的是一种强烈的整合性，而“异质”突显的是一种强烈的变化性。

3. 基础类型继续扩展，从而使其系列化

它是一种以设计师的创作为基础的基本造型方式，对设计理念、设计风格、制作工艺进行准确、全面、深入的分析，并从中挑选出最有魅力的元素，从不同的角度出发进行思考，并将其扩展为系列化的概念，这就是对原有的造型进行重构和学习的过程。

虽然在男性服装的设计过程中，有很多的要素都会起到重要的作用，如颜色、轮廓、细节、装饰等，但是在具体作品的呈现时，应该让其中的一两种要素起到主导作用，这一点显然是非常重要的。

在设计男装系列服装的过程中，要运用各种思考方法来激发设计师的创意意识，不能将思想局限在某种形式上，在整个系列中，男装系列的要素不能通过东拼西凑来实现。系列的设计需要一个特定的主题或者类型，只有这样才能形成一个系列，这就需要对不同的造型要素进行控制，如线条、色彩、细节、饰品和风格等，通过不同的思想进行组合，从而形成一套完整的系列。

在进行一系列的设计时，要注意简约而不枯燥，丰富的变化并不是杂乱无

章，将一套服装风格的个性融入整个系列中，可以让系列展示出整体和谐性，同时还会给局部带来丰富的变化。系列的意象创作，是在各种思想的融合中，通过对颜色的表现力、材料的配合性、缝纫技术等因素的综合而形成的。

设计创意体现在独特的选择、独特的搭配、独特的外观以及独特的整体风格。系列男装的整体风格表现，除受到服装自身的影响之外，还与表现效果和整体气氛等方面有密切的关系。所以，设计师在进行设计的时候应该以求新为出发点。

（三）主题的确定与表现

主题是一系列概念的设计思路，也是该系列作品的中心。系列男装的主题概念是通过将作品中的各个要素进行结构的结合而传递出一种设计思想。例如，在为成功男士设计服装时，可以考虑以“品质物语”为主题。对于这群人而言，他们非常讲究生活品质、工作与生活环境。设计师应该深入调查他们所喜爱的生活风格。在确定大的设计方向后，以成功男士的社会背景与生活方式为主题，构思设计过程要立足于展现大都市中有一定社会地位的上班族男士的生活品位。一旦主题确定，就可以进行系列男装的设计。

在系列男装的展示中，每个系列的主题都会对应着不同的服装类型。参展的主题，既能体现设计师的设计思想，又能体现出设计师的个人才能，而品牌的服装系列，更是能从侧面上体现出人们的一种生活层次和消费倾向。系列男装的主题与设计方式，是设计师在面对周围的文化变化时，以男装的语言和象征来阐释其对各种现象、事物的态度。

系列设计的目的在于培养设计师综合、系统、科学的设计思维，而主题设计则更能体现出思想的多维性。只有在对服装主题的深度和广度的理解达到成熟的时候，才能产生令人鼓舞的创意和鲜活的服装设计作品。

二、系列男装设计的方法

（一）系列男装构思从草图入手

草图是男装概念中可视化的一种表达方式，它是对男装的形体、色彩等各个元素进行扩展和组合的构想和规划。在系列男装的设计构想中，应该尽量画出较多的草图，尤其是随着系列男装样式的不断变化，大量的草图为选择好的设计理念提供了保障。根据选择的草图，可以进一步完善轮廓、细节、比例，并进行调整直到定稿，得到最终的色彩效果。

对于草图的构思而言，显然是一个深思熟虑的过程。在这个过程中，可能会有很多的变化，但最终呈现出的效果图则是一个完整的过程。一方面要展现想象的艺术意象，另一方面又要传达出特定的艺术氛围。对于男装设计风格的确定，还必须对一些细节进行细致的描绘。好的服装效果图既能体现主题作品的美学意蕴，又能体现出男装营造的气氛和情趣。

（二）组成系列男装的套数

从系统的角度出发，一套男装通常是由 3 套以上构成的。如果按主题系列进行划分，3~4 套是小型系列服装，5~7 套是中型系列服装，8~11 套是大型系列服装，12 套以上的是特大型系列服装。男装系列通常会与女装搭配，这也是一种均衡的体现。参赛作品通常以 4~5 套为一组。

时装发布会的作品通常都是以大系列的方式呈现的，这样才能有足够的冲击力吸引人们的眼球。在企业成衣的制作订单中，由成衣系列组成的男装的尺寸往往是由产品的总体规划来决定的。对于参赛的系列男装，应当依据其创意构想的特性、设计师个人对服装的总体把握、面料条件、展示环境条件、个人创作情感等因素来决定服装的尺寸。其实，系列男装的尺寸都是有特色的，小型是精巧的，中型的则会给人带来强烈的整体感觉，大型的则可以突显人的大气，而特大型系列男装则会让人有叹为观止之感。如果有足够的素材来设计超大型系列，但没有全面的设计经验和对系列的整体规划能力，最终也只能是杂乱无章的，所以需要设计师进行充分考虑。

对于设计师来说，他们要“系列地”进行设计，其完美的风格和独特的细节表达是关键。总体上的概念培训，应该以连贯设计为佳。

（三）系列男装设计从材料入手

不管是用于参赛用途的男装，还是产品订货会上的男装，都要上交样品来让评委进行评定。在准备作品发布会和产品订货会作品之前，设计师应仔细考虑面料的选择，预先想好会呈现的效果，再经过调整，最终完成设计。初学者们经常会遇到这种情况，他们的作品虽然入围了，但是因为布料的选择、服装形状的调整、工艺的不严格等，都有可能导致样品质量不如设计图，所以面料的选用对产品的成败至关重要。

第四节　系列男装设计的基本形式

系列男装的设计形态，是由款式、色彩、线条等要素的组合而形成的。一系列的设计，就是把所有的零件都集中在一个整体上，再进行二次设计，在整齐、对称、多样、统一的原则中，表现出一种独特的美感。

一、系列男装廓形的设计形式

男装的廓形是服装的主体样式，突显出不同的风格。系列男装廓形设计的造型通常用几何图形来表现。以男士西装为例，它的廓形可以归纳为四类。

（一）V 型

V 型的衣服往往会显得人的肩膀宽，这种款式的肩部比较方正，袖口的设计也会倾向于宽松。在设计这种廓形的时候，可以将人的身体稍微拉长一些，但要注意的是，衣服的长度要与身体的形状相适应，从肩膀到身体的两边，会越来越窄，衣服和身体的距离也会越来越小，是因为倒三角的外貌给人一种刚硬的感觉，让人看起来会更有力。同时，倒三角也是最基础的男人形象。[①]

V 型男装的特征是上宽下窄，突出肩膀宽度。例如，男士休闲西服，小脚口西裤等。它的廓形特点是肩宽、胸宽、腰低、衣襟紧窄、衣袖肥大。能够突显出成熟、宽厚的男性气质。

（二）H 型

H 型的特点是裙摆与肩同宽，腰线宽松，外形上具有中性的特点，通常将其称为箱型。[②] H 型男装廓形特征是较为直立，其廓形的直观展现是直体上衣、直体外套、短裤等。H 型男装的造型简洁、朴实，也会带给人一定的庄重感。

（三）X 型

X 型男装是 A、Y 两种男装的结合体，此类服装形式将任意部分都做了紧贴，使其看起来富有活力。[③] X 型男装的廓形特征是突出腰部以下的部分，如男

---

① 尚进．服装画技法［M］．北京：中央广播电视大学出版社，2009：68.

② 刘蓬，等．中国美术·设计分类全集［M］．沈阳：辽宁美术出版社，2013：184.

③ 孟家光．羊毛衫款式、配色与工艺设计［M］．北京：中国纺织出版社，1999：36.

士西装、燕尾服等，其廓形特征是腰线的增加和收紧，整体结构的处理为腰线以上合体，腰部以下的侧缝翘度增大，袖型更细，可以显示出穿着者干练、潇洒、优雅的气质。

（四）A 型

A 型的特征是上窄下宽，通常把它叫作“正三角形”。[①] A 型男装的廓形设计特征是突出下装的力度，如男装外套、中长外套等，其廓形的整体轮廓具有粗犷、豪迈、洒脱的风格。

二、系列男装风格的设计形式

系列男装风格的设计形式，主要是改变男装的内在层次和男装长度搭配的形态。以服装样式为例，仅做长度的改变，可错开色彩的部位，而不改变色相元素，从而能使男装具有层次感。

长度变化的系列男装更能将一种不同的比例关系营造出来，在设计形态中，比例关系的失衡或不协调会造成形式美的消失，也不会让人有赏心悦目之感。所以，在系列风格的长短变化、内外组合中，应注意其外形与局部、局部与整体的比例关系，以达到和谐的目的。

此外，在系列男装风格的设计中，在改变服装样式和长度时，可以让不同的细节得到突显，使得外形相似的男装在搭配不同的细节部分之后，能够在外形上发生一定的改变。例如，各种衣领、纽扣的组合应用等。一个成功的小设计可以重复地在服装中使用，仅仅通过使用不同的小配饰也可以营造出不同的风格。

三、系列男装分割线的设计形式

系列男装分割线是指在外观相同的前提下，对男装进行了一系列的内部分割。所有的审美形式都是通过特定的线条来形成的。直线、曲线和折线具有不同的美学特征。从总体上看，直线具有理性、正义感和清晰的特征；折线具有活泼、动感的特点；曲线具有柔和、优雅的特点。在男装中运用多种线条，通过有规则的结合，能创造出一种不同的美感。在系列男装的设计中，要考虑到线条的特点，以及对服装的组织和形状的要求。

---

① 刘蓬，等．中国美术·设计分类全集［M］．沈阳：辽宁美术出版社，2013：86.

（一）结构线为主的构思

男装的结构线有省道、分割线、折线等。在男装的设计中，采用结构线条分割造型的服装多为西装、西装背心等，而分割线则包含了塑造的含义。它的造型也是与服饰材质相关的，一定要注意它们的协调，以保证外形的协调性。

（二）装饰线为主的构思

在男装设计中，选择装饰线时可以不局限于结构线，而仅考虑形式上的美感。根据其本身的特点，可以传达出不同的感觉。例如，运用线条的设计，可以让人产生简单、沉稳或刚劲的感受，更能突显出阳刚之气；运用曲线，则可以使人感受到自然、均匀、流畅。在男装的设计中，装饰线的运用往往在宽松的夹克、大衣、风衣、裤装等中较为常见。

四、系列男装技术性工艺的设计形式

系列男装技术性工艺是指在外观相似的条件下，通过运用工艺手法，使男装形成一系列的造型。

（一）缉明线装饰为主的系列设计

缉明线是一种非常常见的技术，运用这种技术可以达到对服装的缝合和分割，多用于装饰、车明线、露出针迹等。在缝制时，可根据需要设计同色线，也可根据需要设计不同颜色的线条或更粗的装饰线。例如，双缉明线被广泛应用于牛仔服装；单缉明线则被广泛应用于猎装、轻型外套，以及需要缝制的填充物等。

（二）褶皱装饰为主的系列设计

褶皱在男装中既有实用的功能，也有装饰性的功能。褶皱由活褶和褶裥两种形态组成，褶皱能够带给人立体的感觉。在系列男装的设计中，运用褶皱的宽度与布料的组合，可使男装展示出不同的特征和感觉。

（三）镶边装饰为主的系列设计

镶边是一种类似缉明线的装饰性处理方法，这是一种传统的手工艺，在设计上比缉明线会有更加突出的效果。在系列男装的设计中，通常都会将其用到衣领、袖边、前门、口袋、下摆、折断的部分等细节的设计上，通过花边的色彩和面料的加工，产生反差的效果，从而改变男装的整体效果。

第四章　男装造型、色彩及材料设计

设计师通过对穿着者体型、人体运动及空间因素的有效分析，可以树立起完整的立体形态概念，同时他们还可根据市场的需求不断创新，综合造型、色彩及材料等进行整体设计，使服装别具风格。

第一节　男装款式造型设计

服装造型设计是指其式样构成形式，它包括款式、面料、色彩的搭配组合等因素，最终形成服装的整体外观并以服装设计图的形式反映出来。造型设计是服装生产的首道工序，它的任务是为服装生产提供依据。

一、款式造型与人体体型

人体体型是服装款式造型的基础。在人类服饰发展的历史中，不管男女两性的服装造型有多么相似或多么不同，它们各自的款式设计通常是在彼此尊重的造型原则下被完成的。这一原则的基点即由性别差异所构成的两性体型。

人类生来就有性别之分，进入青春期后，男女两性的生理发生了明显的分化：男性喉结突出，声音低沉，骨骼粗大，肌肉发达并长出胡须等，其体型特点是线条比较粗犷，肌肉感强，脖子较短而粗，且筋肉突显，肩部宽阔，肩斜度趋于平缓，身体曲线较直，呈明显的倒三角形——上宽而下窄；而女性正好相反，肩部较窄，乳房隆起，臀部饱满，皮下脂肪丰富，肤色光滑细腻，形成女性独特的体型曲线。

男女两性体型的差异，是人类自然的、生物的性别符号。在服装造型设计中，男女两性这种自然性别符号都有其人为的强调形式，如男子较高的身材时常通过戴高顶帽加以强化，较宽的肩膀往往通过穿垫肩的上衣或者饰有肩章的制服加以进一步突出；女子较细的腰时常通过穿紧身上衣加以强化，而女子高耸的乳房则通过戴胸罩和衬垫材料使其显得更为高耸。此外，女子还可能使用假臀和裙撑进一步扩大她们的臀部。因此，了解人体体型特征，对总体把握服装款式造型有十分重要的意义，它涉及服装的外观轮廓，并影响到款式的构成。

20 世纪初期，伴随着西方工业文明的产生和发展，男性服装风格的造型设计与以往也有了一些区别。男性社会性团体的社交礼仪规范已形成相应的服装规范，而在风格造型设计上，尤其是男性正装的基本形态也已经拥有了标准化、程式化的设计语言。理解这类服装的程序特性，并将其与时尚趋势相结合，可以达到很好的艺术效果和经济效益。①

以现代新科技、新生活为基础，迎合男士的个性设计也随之兴起，创意、奔放、色彩鲜艳的运动服与休闲服，在整体上仍然维持着男装的基本形态，以简洁、笔直的风格为主，并充分考虑到男性的特殊社会地位，与女性的服饰在视觉和心理上形成了鲜明的对比。当然，也有一批新一代的设计师，其设计跳出了传统的男装造型，他们用自己独特的设计理念和技巧，将传统进行再一次的诠释，风格前卫、造型别致、富有幽默感，让男装设计更上一层楼。

二、服装款式的变化与规律

服装的生产工艺是将平面的设计转换为人体的三维造型，其特征是多面性、变化性和形体的可塑性。根据面料的特性、制作工艺的差异，以及使用环境的不同，可以制作出多种多样的服装风格。但是，不管是多么复杂和变化的服装，都有一些基本的原则是不变的。

（一）服装款式的变化

在各个社会和历史阶段，服装的演变是多种多样的。与身体一成不变的形态不同，服装是在符合人体形态的结构基础上进行形体的夸张和归纳，可以宽松、贴身地改变人体的基本视觉形态。在决定服装的样式时，可以使服装样式的改变范围达到最大。

在服装造型设计中，裁剪线是服装造型设计中的一个重要手段。面料分割线是在服装图案中反映裁剪和缝制结构的变化的线条，也称为结构线。

对于分割线而言，我们可以将其分为三种不同的类型，即功能性分割线、装饰性分割线以及介于二者之间的分割线。分割线具有功能与装饰双重属性的线条，不仅可以帮助塑造身体的形态，更能体现出线条本身的美感，同时也可

① 陈莹．服装设计师手册［M］．北京：中国纺织出版社，2008：36.

以通过视觉错觉来达到最佳效果。分割线的改变将直接影响到服装的整体造型结构，并在一定程度上决定着服装的外部形态。

当今的商务休闲男装越来越注重运用分割线的设计，通过分割线的设计，使整个造型更加完美，更加突显了品牌的特色。

（二）服装款式构成的要素

点、线、面是服装造型的基础元素，对服装造型的组成起着举足轻重的作用。运用“点”可以突出重点、突出主题。线的处理可以提高整体的轮廓特征，清晰的曲线可以带给人清爽之感。对于设计师来说，可以利用缝线、衣褶、装饰线、轮廓线、边饰线等方法来重构线的繁简、疏密，从而加强节奏感，也可以给人带来一定的下垂感。利用不同区域的小块进行拼接，可以产生不同的视觉效果和风格。点、线、面要进行综合应用，否则就会造成服装的风格混乱，无法形成自己的特色。

风格的变化不仅体现在形体的组合、分割、使用上，还表现为各种不同层次的渐变。

1. 领型变化

在一般人的日常生活中，领型的改变可以分为三种：立领、翻领、无领。

（1）立领

立领款式多样，主要用于男性服装和旗袍等款式造型中。按开门的变化可将其分为中开、旁开、长开等；按扣门的变化分为开、封、扣、结等；按形状变化分为宽、窄、圆、高等。

（2）翻领

这种领型在现代职业服装中最为常见。款式变化主要有：开门深浅变化、翻领大小变化、领尖角度变化、领边长短变化等。

（3）无领

通常用于休闲服饰的领型。其特点是领型的宽窄、方圆、领边不同。

2. 袖型变化

包括袖口大小的改变、袖子高度的改变等，同时不同的开口方式、不同的位置、袖口长短变化、袖口形状变化等也会带来袖型的变化。

在男装中，不同袖型的设计也可以体现不同的风格。袖型的种类繁多，可以分为整体板型的一片袖、把袖子分割成两部分的两片袖、整体合身的合体袖、板型宽大的宽松袖、与衣身相连的插肩袖、肘部以上的短袖、到手腕的长袖、过肘到手腕之间的七分袖等。随着男装的不断发展，袖型的设计与运用越来越多，逐渐形成设计本身特有的风格。[①]

3. 袋型变化

袋型的变化形式也是多种多样的，如袋口深浅的不同、袋口位置的变化、袋口的垂直和倾斜角度的变化等。

虽然衣服的细节改变了，但在设计的时候却应该考虑总体的形式。要注意细节的变化，要协调好衣服、鞋子、帽子的各个部位，要协调好比例、面料、装饰，从而让整体呼应、主次分明。

三、服装廓形与款式变化

服装廓形是服装的外形曲线给人带来的直观感受，而服装的款式设计则是服装的内在构造，如衣领、衣袖、肩部、门襟等细节部分的造型设计。这两个要素在服装设计中都占有举足轻重的地位。款式的变化是服装形态的一个重要体现，它的设计具有丰富的多样性，并为其提供了形体的支持。

（一）服装廓形是服装造型设计的本源

从服装发展的历程来看，服装形态的演变，主要表现在服装形态的改变上。服装的廓形是服装的外在表现，而不同的廓形则能反映出不同的服装形态。服装设计师常常通过对服装形态的更替和改变来分析服装的发展与演化，以便更好地推测和掌握潮流。

（二）服装款式设计丰富、支撑着服装的廓形

从外观上来看，服装带给人的直观感受是一条外形曲线，而在外在线条的遮掩下，其内在的款式设计则是多种多样的。服装的内在设计不仅能增强服装的功能，而且还能让服装的外形更为美观。内部风格的细部彼此联系，无法单独存在，但又有主次关系。单一的局部造型缺少焦点，会导致整体的风格缺少内涵，而太多的局部焦点会影响到整体的效果，造成作品的杂乱和无个性。

在设计结构上，我们不能把廓形和内在分开，而是要同时进行，彼此指导，使其产生对应的一致性或共鸣的视觉效果，从而达到一种成功的设计。但是，有时服装的局部形状会直接影响到服装的廓形。

（三）当今服装设计中的廓形与款式的个性特征

在当今社会的激烈竞争下，科学和生产技术得到了日益发展，服装的廓形

---

① 唐智．商务休闲男装中结构造型的设计实践［J］．江苏纺织，2020（12）．

不能单纯地界定为几种类型的款式，而更多的是各种形态的结合。风格的多样化和各种形态的结合，对当今的流行趋势也产生了一定的影响。

在日常生活中，人们总是在不断地创造和发掘新的风格形象，希望能够为大众带来全新的视觉体验，虽然无法预测未来的服装趋势，但是我们可以通过对生活细节的仔细梳理，掌握时尚的基本方向。

第二节　男装色彩设计

男装带给人最直观的感受就是简单明快、潇洒。五颜六色的组合，可能会让人觉得很不和谐，很难给人留下好印象。因此，不要过度使用过多的色彩，这是色彩搭配的首要法则。

一、色彩在服装设计中的应用

在服装色彩的设计中，设计师可以根据色相、明度、纯度等三个要素的其中一个来突出色彩，同时还要注意色彩搭配。在色彩搭配中不但要考虑不同风格的配色方法，也要注意观察生活、寻找色彩灵感和关注流行色的发展趋势。

（一）以色调为主的配色法

因为颜色的冷暖倾向不同而形成了色调。颜色分为暖色调、冷色调和中性色调。

暖色调通常是在秋、冬季的衣服上比较常见，冷色调是在春、夏季的衣服上应用更广，而中性色调则有着更广泛的应用。

除了上述的配色方式外，还常使用色相环作同类色、近似色、对比色、互补色之间的搭配。根据整体的搭配需要，可以调整明度、纯度、面积等，在统一中有变化，对比中有和谐。

（二）风格配色法

风格指的是服装本身具有的一种特殊的艺术魅力，能够给人留下一种深刻的印象，是极具有象征意义的。

服装的风格可以大致分为以下五类。

1. 传统色彩风格

传统的色彩主要有两种，一种是深色系的，如黑色、紫红色等，这些色彩高贵典雅，能够突显出冷静、端庄的美感；还有一种是淡色系的，主要有象牙白、米色、奶油色等。

2. 浪漫风格

浪漫具有自由、感性、轻松的特点。色彩趋向优雅、柔和，通常使用粉红、淡黄、淡紫等淡雅色彩，具有明快、柔和的特点。

3. 民族风格

民族服饰是由一个地区或一个文化团体所创建并保留的，带有强烈的象征意义的服饰。例如，印度式纱丽、阿拉伯长袍等。

在现代时尚的色彩设计中，民族风格是设计师的灵感来源，它开辟了设计师的色彩设计新思维模式，已经超越了原来的地域和时代对颜色的适用范围，为设计师提供了一个全新的视角。

中西文化的融合，使得现代服装的颜色更多地融入了现代时尚设计的潮流，如中国旗袍、绣花服装、马褂、中山装等，还有日本和服、东南亚的传统服装风格与颜色，都是时尚设计师们的最爱。同时，结合不同民族服饰色彩搭配的方式，可以形成中西色彩文化交融、民族色彩与当代色彩交融的时装艺术。

4. 前卫风格

前卫风格拥有标新立异、超凡脱俗的特点，是对传统美学标准的突破。奇异的颜色与传统的服装形成了鲜明的反差，具有突出个性、引领潮流的作用，并且展示出了设计者的超前意识。

前卫服装在设计的时候经常运用高技术的印染技术，并且会运用一些冲击人视觉的颜色，如黑色、红色、银色、太空色、荧光色等。有时在选材上也会另辟蹊径，选择使用一些透明塑料、金属等进行设计。

例如，朋克衫展示了颓废、荒唐、行为反常等特点，这些都是引领时尚的因素。现在的年轻人为了显示自己的个性，他们会在 T 恤上印上像涂鸦一样的文字、图案、标志等。如今，具有前卫色彩风格的元素已经被大众接受，并逐步融入服装色彩的设计当中。

5. 休闲风格

现代人的生活节奏越来越快，心理上的压力也越来越大，远离都市的喧嚣、放松身心、回归自然，是现代人最向往的生活状态。在不正式的场合，人们往往会选择穿着宽松肥大的服装。自然质地的衣服可以减轻人们的神经压力，休闲、运动服装成为潮流。休闲服装的特点是方便、实用，以天然的颜色为主要色调，如驼色、米色、石绿、深蓝等。

（三）服装配色中的辅助与小面积色彩

服装颜色的搭配，主要体现在内衣与外衣、上下装的相互配合上。在色彩布局中，切忌使用平均的颜色，避免出现 1 : 1 的颜色分割。在选择颜色的时候，应该以大面积的颜色为主，以较少的区域作为辅色，以调和颜色或加强对比，使色彩实现整体上的搭配，从而让其变得更加耐看。

而点缀色以胸花、围巾、领带等极少数配饰为依托，对整体色彩起到调和的作用，能够展示出跳跃、凝视、灵动、活泼、画龙点睛的效果。辅色和小面积色是色彩搭配中必不可少的色彩表达方式，它们构成了凝视的色彩序列，当面积较大、色彩鲜艳时，就会显得更为醒目。辅色作为承上启下的功能，将主要颜色和小面积的颜色联系在一起，形成了大、中、小的颜色区域。

服装中颜色的相互映衬有两种方式。

1. 色彩面积的衬托

衣服通常要遵循上大下小、上短下长、内小外大、外短内长的搭配原则。繁复和简约是两种对立的关系，它们互相映衬、互相依赖，可以构成一种主次分明的颜色搭配。若内外都使用繁复的颜色，则会破坏整体的关系，使人感到花哨、琐碎。

2. 深色与浅色衬托

深与浅、暗淡与明亮表示的是颜色的不同，深浅衬托是内衣和外衣的深浅相映衬，上衣和下身的深浅互衬，搭配时可灵活多变地运用。在色彩面积大小、繁简、深浅的相互搭配中，不仅限于内外或上下的反衬，还应该让其呈现出不同颜色，使色彩更加丰富、耐看。

（四）服装中的点缀色

让人惊艳的服装不仅要整体效果引人注目，而且在细节的处理上也应该引人入胜。这就要求设计师要灵活运用点缀颜色，使它们之间的颜色关系更加丰富。一是在明亮中点缀深色；二是在冷色中点缀一抹暖色；三是在浊色中点缀一抹鲜艳的颜色，利用颜色的反差，来突出颜色的强弱，与视觉中的颜色审美习惯相一致。

在确定鞋、帽、围巾、腰带、首饰等配饰的颜色时，可以从整体的着色中抽取部分颜色，或者选择有强烈对比的颜色。在色彩经过选择之后，就应该考虑实际的需求，对色彩进行一定的搭配，从而改变色彩的明度、面积、色调。

点缀色虽小，但可以突破单调的颜色，起到四两拨千斤的效果。

从上述的颜色组合法则中，我们可以看到，服装颜色的搭配应该建立起一个整体的颜色关系，利用局部颜色的变化为基础，使其主次分明、相互衬托，实现丰富而不复杂、简约而不单调的目的，从而在不同的颜色之间保持一致。[①]

二、男装色彩设计的影响因素

设计师在产品的开发与设计中，对于男装的色彩的选择与运用，会受到多种因素的影响，如品牌、季候、民族、地域、流行等。下面主要对这些影响因素进行分析。

（一）品牌因素

随着服装消费市场的不断发展，各种服装品牌的种类日益增多，服装品牌的定位与款式也越来越多元化。不同的服装品牌在产品风格、面料风格、色彩风格、工艺风格和混合因素等方面都有很大差别。

此外，许多著名服装品牌在品牌发展过程中，逐步形成了具有代表性的品牌色彩风格与系统，形成一定的标志，并在消费者心中形成了一种固定的品牌形象。品牌要素在男装色彩设计中的作用主要体现在设计师或策划部门根据品牌的定位与产品风格，对品牌的颜色组合进行重新设计，以体现品牌风格、品牌地位、品牌理念、品牌特色等。而在进行系列产品的具体设计时，产品设计部门也要根据其理念的取向，对系列产品的颜色组合比例和搭配方法进行进一步的细化。

（二）季候因素

由于地球上的地理位置存在着显著的经纬差异，使得地球上的气候差异会随着太阳辐射的纬度分布而发生变化，再加上地形的不同，造成的气候与天气的表现也各不相同，因此，人们的着装需求也会随之发生变化。

不同的时节，人们在颜色上的追求是不一样的，在穿着上也呈现出明显的季节性倾向。例如，春季因气候较暖，通常选择淡雅的色调，如草绿、粉红、嫩黄等；在炎热的夏天，人们通常会选择冷色调，如蓝色、白色等；秋天树叶纷纷落下，会产生一种萧索之感，多选择一些温暖的颜色，如咖啡色、驼色等；而冬天会选择温暖、舒适的颜色。

（三）民族因素

服装色彩除了具有视觉的物理性质外，还常常被赋予丰富的文化内涵，包

① 武云超．色彩语言与设计应用［M］．北京：中国电影出版社，2018：60.

括与民族关系密切的人文背景、自然环境生存方式、传统习俗等，可以说一个民族的色彩审美意识可以折射出这个民族的文化心理及潜在性格。设计师不仅要了解各个民族的颜色偏好，还要对各个民族的颜色禁忌进行深入的研究，以保证服装的设计科学合理性。

（四）地域因素

因为不同的人生活在不同的地域，所以在人们的长期生活实践中，形成了各自民族、民俗色彩的消费需求特点，由此也形成了强烈的色彩偏好。由于居住环境的差异，人们对某种颜色的偏爱程度也会随着地域的变化而变化，如北方比较寒冷干燥，人们喜欢用紫红色、棕色等颜色，这些颜色可以有效地缓解人们的视觉疲劳，从而满足人们的心理需求。在热的地方，通常会选择较亮的色调；在多风的地方，为了防污，常选择暗色调。

服装造型设计要掌握消费者所在区域的环境，尤其是气候等方面的影响，并及时了解目标人群的消费需求特点，并做出正确的款式设计，建立合理的产品结构，才能在长久的品牌运营中立于不败之地。

（五）流行因素

在日常生活中，服装往往被视为“潮流”和“时髦”的代名词，往往能在第一时间反映出时尚潮流的变化，而服装的颜色变化则是最为显著的。通常，品牌公司在新一季的产品布局中，进行服装的选择与搭配，显然是一项重要的工作。

由于流行色彩具有强烈的时尚感，所以每一季的色彩研究机构都会对即将出现的流行色彩进行分析、预测，并进行实时的发布，国际流行色彩委员会每年都会公布第二年春、夏、秋、冬的流行趋势，并利用流行色卡、时尚杂志、纺织样品等媒介进行宣传，成为各品牌服装设计师在新一季产品研发中的色彩应用参照。

三、男装设计配色要点

在传统观念的影响下，男性往往会被赋予成熟、理智的形象。为突显男性的社会地位，早期流行的男装多以黑白灰色、低明度、低纯度等色彩为主，在搭配方式上也比较单一，鲜亮的颜色仅在休闲服装、运动服等方面有少量体现。但是近年来，由于受到西方时尚与女性服装的影响，男装的色彩设计逐渐加入了一些鲜亮的颜色，从而形成了一种新的时尚男性形象。

（一）统一色彩搭配

统一色彩搭配是男装颜色设计中最常见的一种方式，它的应用范围主要集中在西装和一些礼服类服装的设计上。尤其是在专业的服装中，以黑色、深蓝色、深灰色等深色为主，可以彰显职场男性稳重、睿智的形象。男性穿着西装，大多是用黑色来衬托男性的优雅，但在男装的设计上，也常常会有白色的身影。例如，男人穿着一身白色的结婚礼服，会将男人衬托得更为优雅。

（二）鲜艳色彩搭配

近年来，随着男装市场的进一步细分，男装的款式也日趋多样，鲜艳的色彩不仅用于男士运动装、休闲装，而且在其他男装中也有越来越多的应用。尤其近年来，多种颜色的穿插设计更增添了运动装的活力，增添了男性的朝气。鲜艳亮丽的色彩搭配要注意对主色的把握，以免整体的搭配华而不实。①

第三节　男装材料要素设计

一、毛皮男装设计

（一）毛皮男装设计的概述

男人和女人在各个方面都有很大的区别，尤其是男女之间的审美倾向和穿着需求的不同，因此，男女皮衣的服装设计也有很大的区别。时过境迁，女性毛皮服装一改从前的端庄保守，多出了许多花样。而男装仍然比较传统，样式也比较单一。许多人都觉得，皮衣过于艳丽和阴柔，无法表现出男性的价值。所以，皮衣总是被忽视。而且，由于男装设计的限制，今天的皮衣市场，依然是以女性消费者为主力。

大部分男装的设计都是经典、简洁的，外形没有太大的改变，注重的是细节。细节对成衣的成败起着决定性的作用，细微的差异就会导致很大的差别。打造流行的、有特色的、有细节的毛皮男装，将会被更多的人接受。

---

① 吴训信，石淑芹．服装设计表现：CorelDRAW表现技法［M］．北京：中国青年出版社，2015：35.

（二）毛皮男装设计的要点

毛皮男装的设计受到了很多的约束。从设计元素的角度来看，毛皮男装和毛皮女装之间的区别并不大，在设计时要注意毛皮的颜色，并且注重男女之间的差异。毛皮的美丽、闪亮、高贵，充分显示出女装的优势，却成了设计制造毛皮男装的障碍。在毛皮男装的设计中，既要保持毛皮的优点，同时也要注意寻找合适的切入点。在造型设计上，可采用整体、大气的设计手法，让毛皮在男士的身上更显厚重。在整体的搭配中，设计师应该运用经典、利落的层次，让男人的身上洋溢着一种刚毅的男性气息。同时，设计师还应该拥有创新的思维，多运用灵活的工艺设计技术，让毛皮男装彰显个性。

1. 廓形方面

毛皮男装的廓形比毛皮女装要简单得多，因为男人身材比较健壮、肌肉也很发达，上身的轮廓比较直，形成一个上宽下窄的倒三角。人体的形体特征是服装的基本要素，肩宽、臀围等是支撑服装外形和尺寸的重要因素。为了避免毛皮男装的女性化，皮衣的外形应该选用更为宽大的方形、截短三角形、大容量梯形等几何形状。

方形的皮衣，可使肩部和胸部变大，减少衣服的长度，从而衬托出男人的威严和强壮。最经典的是毛皮外套。

矩形的衣服是直筒型，这是一种很常见的皮衣样式，长方形是一种完美的形状，与身体的比例完美契合，给人一种非常漂亮的感觉。常见的是毛皮饰边的西服和大衣。

三角形状就是俗称的倒三角，肩膀或者衣领夸张，剪裁风格比较活泼，收腰。最常见的是倒三角形的皮衣。

梯形还可分为直梯形和倒梯形两种，直梯形的外形特征为上窄下大，而倒梯形结构正好与之相反。这种衣服通常是宽松的，它的体积很大，面料很厚，突出了肩膀的特征，衬托出男人的沉稳。

2. 色彩方面

人们普遍认为，男装大都以黑、白、灰、蓝等凝重的色调为主，没有必要进行色彩设计，这种观念过于偏激。如今的男装，也开始尝试着用鲜艳的颜色，如明亮的蓝色、华丽的紫色、悠闲的灰色、怀旧的黄色等。在毛皮男装的设计中，色彩的选择也是多种多样的，有些色彩更为张扬，能够让人的精神为之一振；有些色彩要与布料协调；有些色彩是为了突出阳刚的特征。

根据色彩带来的视觉效果，毛皮男装的色彩可归纳为古典风格、自然风格、运动风格和都市风格。古典风格的服装色彩给人稳健、深沉、典雅的感觉，主要集中在明度偏低的深蓝色、咖啡色、红色、灰色、黑色等。自然风格的色彩灵感来源于自然界的花草树木、泥土沙石等，主要的色彩有黄色、绿色，以及柔和的米色、白色、灰色等。运动风格通常为比较强烈的色彩，如纯度较高的红、橙、黄、绿、蓝等色搭配黑白灰等无彩色系，形成强烈的视觉效果。都市风格的色彩主要集中在黑色、白色、灰色，还有一些金属光泽的中性色系，给人以冷静、知性的感觉。

毛皮男装色彩的搭配规律有调和和对比两种方式。一般多采用搭配调和的方法进行配色，突出单纯、和谐、统一的特点。毛皮与大衣面料的色彩采用同一色系，这样的配色显得平稳、安定、舒缓；采用以明度为主的色彩组合，虽然色彩不同，但服装的整体效果明亮舒畅，个性鲜明；采用以纯度为主的色彩组合，虽然色彩不同，但相同纯度的色彩融合会产生平静、朴实、怀旧、时尚等各种不同的视觉感受；以同色调为主的色彩搭配，使服装处在整体感很强的一个特定的色彩基调中。当然也可采用色彩之间的对比效果做毛皮男装的配色处理，利用色相、明度、纯度的对比，在对比中产生变化，起到强调的设计作用。

3. 材质方面

毛皮男装可以充分体现运动、休闲、舒适、随意、低调、内敛的风格。要体现各种男装风格，则应选择恰当的毛皮与纺织面料组合搭配来表现，正适应了男士喜欢穿着舒适、休闲服装的爱好。

随着尖端的技术加工及后期整理工艺的进步，我们可以通过多种方式提高服装的质量，如抛光、水洗、打磨、压纹等，赋予皮革表面独特的纹理、细致的质感，使得皮衣不但具有保暖作用，而且手感异常柔软；而毛皮与针织物、布料的结合更是让人感到轻松自在，不仅可以减轻毛皮带来的华美感，同时也能体现出一种随性。

设计师除了要掌握材料的运用与搭配的定型，还要有突破常规运用的胆量。将毛皮与各种质地的布料相结合，可以打造出一种别致的造型，天然的毛皮的内敛光彩与多变的闪亮布料相结合，可以展现出优雅、时髦、前卫的服饰风格。柔软轻薄的布料，舒适贴身，将其与毛皮材质相配，可以营造出一种轻快又轻松的氛围，显然，这种设计是非常时尚的。随着现代技术以及纺织工艺的进步，立体织物在男士服装中的应用日益广泛。将立体质感的织物与毛皮材质相协调，能够产生出鲜明的纹理效果，从而让服装拥有夸张的风格特征。

4. 图案方面

男装不仅在结构上以稳求变，在色彩上含蓄内敛，在图案上也较为谨慎和保守。由于人们的需求日趋个性化，男装上的图案也日趋丰富、灵活多变。毛皮多用于制作秋冬外套，其中大致分为高档经典类和中档休闲类。

高档经典类毛皮服装款式简洁大方，色彩以传统常用色为主，材料上主要选择高品质的毛皮，细节工艺考究，注重整体感和成熟感，较少使用单独纹样来装饰，常以毛皮天然的背纹色泽变化，经过拼接所形成的花纹图案形式来表现，如毛皮的肩背部颜色较深，腹部较浅，工艺拼接后呈规则的色泽深浅分布，含蓄而生动。

中档休闲类毛皮服装受流行风潮影响较大，款式变化多，造型新颖，色彩丰富，面料多样，且图案的设计要服从服装的风格，注重服装的功能性，要贴切服装款式和结构，更要关注图案的立体层次的表达。

图案是服装的一部分，图案的设计恰到好处，能增强服装的艺术魅力和精神内涵。虽然毛皮材质的特点局限了毛皮服装的图案装饰表达，也同样可以通过如镶花、印花、染色、剪花等加工工艺制作出毛皮男装的丰富图案效果。

5. 细节方面

毛皮男装的款式变化较少，所以在细节上的设计就很重要了，而细节也是男装的一个要素。精心构思的细节常常是画龙点睛的一笔，能带给人一种美感。完美的整体细节设计，既能与男装的造型、风格、裁剪技术相结合，又能体现出男装特有的气质。

毛皮男装的设计包括很多方面的内容，比如衣领设计、口袋设计、门襟设计等。毛皮服装的线条设计构成也是丰富多样的，主要有结构线、分割线等。男装的细节设计受到普遍潮流的影响，除遵循一般男装的细部设计原则，还要与毛皮的独特处理工艺相结合，展现出独特的细节风格，并在服装的连件选择中突显出皮衣的豪华品质。扣件的材料有镀金、镀银、金属、有机材料、天然材料等，如果与毛皮外套相配，镀金金属纽扣更显尊贵。

6. 市场角度

毛皮的市场是比较有限的，有的人可能因为毛皮男装的高昂价格望而却步，但很多时候是找不到合适的毛皮男装。现在市场上的毛皮男装大多偏向经典、传统的风格，所以要根据市场的需求进行变化，设计出适合不同生活方式的毛皮男装。

现代的男人也具有时尚意识，但是现在市场上的毛皮男装并不适合男人不同的生活方式。其实毛皮是一种可以在设计上多样化的材质，因此设计师要根据人们的生活方式来设计不同风格的服装款式。市场也是靠服装设计师去创造的，根据不同生活方式，配以相应的颜色，运用合适的工艺做出不同风格款式的衣服，就能抓住市场。例如，可以为喜爱运动、外向的男士设计毛皮针织服装、运动型夹克，为喜欢休闲生活方式的男士设计毛皮休闲夹克、毛革两用外套，为经常出入正式场合的男士设计毛皮大衣和毛皮饰边西装等。①

二、拼布工艺男装设计

（一）拼布的审美特征

1. 秩序美

在艺术创造的过程中，我们应该注重突显出形式美，形式美包括秩序美、肌理美、色彩美、工艺美和意境美等方面的内容。秩序美是形式美的主要法则，秩序美是最有价值的，它可以为艺术作品增添色彩。同时，它也具有重复、渐变和规则化的特点。

自然界的一切事物的成长都是有秩序的，它在原有的基础上增添了美感，使人有了一种视觉上的愉悦感。而拼布的灵感也来源于自然和生命，这正是拼布艺术中的秩序美的展现。通常，拼布设计师会尝试使用简单的几何图案，将其分割、叠加、重复，并透过裁剪和缝纫，使布料的纹理和颜色得以协调，从而为设计师提供灵感。②

2. 肌理美

在服装设计中，面料的肌理主要表现为面料的组织结构，通常呈现出纵横交错、高低不均匀的纹理变化，从而增强服装的美感。拼布分为有填充性和不填充性两种，由于拼布是一种特殊的结构，可以采用多种材料和缝纫方法，从而增加了织物的质感和独特的美感。

3. 色彩美

在当代，颜色可以使人的身心受到各种刺激，使人在面对颜色时，能有不同的情绪反应，从而体会到拼布艺术的魅力。此外，拼布工艺中，颜色和面料的选择也很多，往往是先用不同的布片拼接起来，再通过设计师的熟练操作，让原本平淡无奇的布匹瞬间变得充满艺术感，给人一种充满活力和色彩的感觉。

4. 工艺美

服装设计不仅要运用多种不同的艺术形式，还必须要有相应的技术水准，才能让服装变得更有生气。在这类服装的设计中，拼接工艺常常需要更加细致的构图、精确的裁剪、细致的针线，稍有疏漏，都会对构图的整体和严肃性造成影响，从而使其不能突显整体的美感。另外，有些作品虽不能充分表现出工整、严谨、统一的机械美感，但其工艺表现得惟妙惟肖，也能给人以震撼的视

---

① 蔡凌霄，于晓坤．毛皮服装设计［M］．上海：东华大学出版社，2009：173.

② 李伟华，陈素英．拼布艺术在当代服装设计中的应用研究［J］．天津纺织科技，2020（6）.

觉感受。

5. 意境美

显然，拼布是一种特殊的艺术类型。在服装设计中，设计师既要设计出漂亮的服装，又要体现设计师赋予的“意境美”，这样才能提升整体的艺术感，从而引起人们的共鸣。另外，现代的拼布不仅具有“写意”和“写实”的功能，还能更好地传达设计师的想法和感受，使生活更具趣味性和生命力。[①]

（二）男装拼布工艺存在的问题与解决对策

尽管从古代开始就有拼布风格，但是因为这种款式在男装设计上具有很强的流动性，因此目前的拼布工艺还存在很多问题，就个人积累和探讨总结出以下问题。

1. 拼接部分不平、起皱

因品种繁多，服装会进行多段拼接，且不同材质的衣袖也会进行拼接，如有的衣袖前身为涤棉、摇粒绒等，而过肩则为纯棉。这种拼接因两种面料的吸力不同，会导致成品不平、起皱，从而对成品的品质产生很大的影响。有以下3种解决对策。

（1）将切好的样板用干净的纸样包住，并固定其形状和大小。

（2）将切好的样板四周留出0.8 cm，从而用于后续的缝合。

（3）拼接好后，进行倒缝，若没有车明线，则在缝制好的刀片前面进行熨烫。

此方法消除了拼缝处的不平、起皱等问题，但要注意两块拼缝面料应该是一样的，如果面料不同，需要注意缝纫时上下面料的缝合，并及时调整。

2. 线速混乱

机针型号不对，上机工序不对，缝线板松散，压脚力量不够或全部松散，造成纺心变形。

解决办法：选择适合于用线和布的机针，再次对机上线，不强行拉布，缓慢进给之后再缠绕。

3. 拼接处面料打皱

对于特殊的面料，就会出现一些不好的现象，如针头太大、针尖太软、压脚的力量不足等。

解决办法：缝线放细、更换缝线、调整线张力、增大压脚压力、采用薄料

---

① 刘宝宝．服装设计中拼布工艺的应用研究［J］．轻纺工业与技术，2021（10）．

衬、面线、底线采用同质量同直径的线材。[①]

三、男装功能性材料设计——以马西莫·奥斯蒂为例

近几年，功能服装被越来越多的设计师引入了时装领域，并逐渐进入人们的视线，功能性的话题在服装设计领域引起了一股热潮，人们的注意力和敏感性也在不断提高。

（一）城市功能性服装先驱

马西莫·奥斯蒂（Massimo Osti），是一名意大利服装设计师。在意大利的时尚界，他被称为“运动服与技术的先驱”。在进入时装圈之前，他就是一名平面设计师，这也就意味着，马西莫在进入这个领域后，之前的工作会对自己的设计理念产生较大的影响。马西莫对后来很多的男装设计师和布料设计师产生了重要影响。

从20世纪40年代开始，以功能为导向的服装研究得到了广泛的关注。从那时起，欧美各国对服装的舒适性、实用性的要求越来越高，在此种需求的影响下，服装的设计也得到了较大的发展。目前，欧美国家所制造的防护性、功能性面料及服饰品种较为完善，因此而衍生出的时装与日常服装也是五花八门。

马西莫是一名颠覆式的男性服装设计师，在他的设计生涯中，他把创造从未见过的事物作为设计的推动力，并且将其叛逆的个性融入设计中。马西莫是最早对军用服装进行系统研究的人之一，他的作品非常丰富，他搜集了35000多件现代男性服装的材料。[②] 在遵循形态和功能的设计思想下，对服装的功能进行解构，使其成为一个多义共生的“容器”，从而对男装进行全新的诠释和界定，其在这方面的研究与贡献不可估量。

（二）超前眼光与材料赋能

1. 材料创新与突破

马西莫创造了超过300种新的面料，被称为“科技面料之父”。设计师要勇于探索、不断质疑、不断尝试、不断寻找新的素材和方法。马西莫并不满足于已经出现在市面上的成衣，而是更愿意打破行业的常规，走出一条新路。从初入时装时的懵懂，到创新四色网版印刷技术在T恤图案上的运用；从旅馆的浴

---

① 尹春洁. 美术与设计［M］. 广州：华南理工大学出版社，2012：256.

② 王洋. “颠覆与重塑：馆藏马西莫·奥斯蒂男装展”策展手记［J］. 新美术，2018（7）.

帘到新的聚氯乙烯涂料的外衣……这些令人惊叹的事情，让他通过努力一步步实现了，显然他取得了空前的成就。他的创新表现在各个方面，特别是在面料上，使整个纺织行业发生了翻天覆地的变化。

2. 城市功能运动装的创新

马西莫以“实用的时装设计师”自居，脱离了迅速改变的流行趋势，没有盲目跟风，也不去追求那些没用的装饰品，而是把注意力集中在衣服的对象上。在设计师热衷于人体外形、服装外形的时代，马西莫开始将目光转向了服装的材质，他在材料的创新上做了数千次的尝试，创造出了一种独特的风格，让他的产品无法复刻。

马西莫的军装、工装、运动服的种类繁多，并且注重细节设计，甚至每一颗纽扣，都有它的意义。①

马西莫发明了一种城市式的羽绒服，使羽绒服变成了都市人日常穿搭的一部分。他从轻薄、舒适的角度出发进行设计，改变了意大利冬季服装的面料、填充物和功能性结构。直到今天，护目镜和夹克依然深受功能爱好者的青睐，马西莫以民用防毒面具为灵感，将护目镜与服装面料融合在一起，以多种功能形态的防风外套，展现了它的实用性，同时也体现了马西莫的创意。

马西莫在“去粗取精”理念的引导下，将作战外套的功能性设计与温度变色材料进行了深入结合，将其创新地应用到都市外套中，这一思路很超前，是一次很有创意的男装设计。前后穿设计、可拆卸内里、可拆卸兜帽、可折叠帽子设计、皮质雨衣等，这些设计都在不断创新，在设计的过程中，马西莫从来没有放弃过对功能和实用性的思考。

20 世纪 90 年代后期，马西莫主要致力于服装和安全装备的研发，如减震材料、反光材料、浮力服装、通电发热服装等，并研发出了一系列的功能性服装，如减震背包、气囊背心、浮力夹克、充电式温度调节背心等。马西莫将目光投向功能性、科技乃至未来的服装，并将其融入日常的服装中，创造出适合新都市的服装。

（三）男装设计中的应用与创新

在追求高效率的今天，人们对速度的要求越来越高，人们的大部分时间都围绕工作来展开，工作的效率越来越高。每天都要在不同的天气里，体验不同的温度，这对人们的体能和穿着都有很大的影响。怎样使一套衣服具有多种气

---

① 赵姝坦．功能性材料在男装设计中的应用与创新——以马西莫·奥斯蒂为例［J］．西部皮革，2021（20）．

候条件下的穿着功能？我们可以从马西莫的男装设计中，探寻到可穿戴设备多种功能的实现路径。可以利用3D软件来模拟人体的穿着状况和应激效应，探索出新的环境下功能性服装的发展。在材质上，可以选用GORE-TEX材质，结合其轻、薄、防风、防水等特性，将功能性的设计融入每一个细节中，使其更具现代气息，并可以用GORE-TEX的多维表现方式来塑造更多的功能材料和功能化的服装。

第五章　男装图案设计

在男装设计中，图案起到了非常好的装饰效果，不同的图案往往会赋予男装不同的风格，从而带给消费者不同的审美体验。本章首先分析了男装图案设计的基础知识，进一步探讨了男装图案设计的常见方法，最后阐述了传统图案要素应用于男装图案设计等相关的内容。

第一节　男装图案设计的基础知识

一、男装图案的整体设计观念

男装的图案设计要求展示出男子气概。[①] 与女装设计的着力点不同，男装设计具有严谨、豪迈、粗犷的特征。与女装的曲线造型不同，男装的图案设计更多的是抽象的几何形状的运用，在颜色上适度地减少了纯度，追求一种和谐稳定的色调，突出了男性的温雅、低调的性格特点。

随着时间的推移，男装的图案设计理念也随之发生了很大的改变。传统上主要用于女装的设计图案，如佩兹利、写实植物、花卉等，也逐步运用到了男装的设计中。男士的一些衬衫多采用大面积的全花图案，花头的形状经过夸张的处理，能很好地体现出男人的柔情，符合现代人的审美。

---

① 回连涛，隋囡，王晶宇，姜山，周睿娇．新民族图案设计教程［M］．北京：人民美术出版社，2017：269.

二、男装图案设计的形式美法则

（一）形式美法则的定义

形式美有广义和狭义之分。① 广义上的形式美，是指事物所具有的一种相对独立的美学特性。狭义上的形式美，是指由物质材料的自然属性（色、形、声）以及其组合的规则（如比例、平衡、节奏、多样的统一）决定的。形式美是一种特定的美学特征，它不能直接表现具体的内容，但有某种美学特点。与内容相比，形态是外在形象、组织结构和表达方式的载体。服装图案的形式美，是指服装图案的形、色、质、组织结构等的相互联系，以及它对美的感知。

在选择服装图案的纹样时，设计师可以从自然界中丰富多样的意象中找到灵感，两者之间存在着一定的差异，但又存在着共性。在形式结构上，要充分运用其差异性，以求百变的情趣，我们只有找出其共性，并将其加以运用，才可以弥补欠缺的方面，从而达到一种协调。

可以说，没有固定不变的图案，自然界的变化是随时发生的，图形本身就是人们追求美的一种结果展示，而图形中的各种形态元素的组合，则形成了一个丰富多彩的、变化的整体，没有变化的图形，就失去了生气。对于服装中的图案来说，如果没有统一的模式就会显得杂乱、无秩序；没有改变，就会变得单调、呆板。

图案的形式美法则是结合变化的规律和图形的组成原则而总结归纳。变化是两种不同的事物，在不同的环境中，存在着不同的联系。在构图上，不同的形状、不同的颜色、不同的组织、不同的排列，都会有不同的效果。这些变化是由于反差而产生的，表现为：自然形象的变化、形状的变化、大小的变化、位置的变化、方向的变化、颜色的变化。

（二）形式美的种类分析

1. 对称和平衡

对称是由装饰要素在中心线或中心点上连续二次、三次或多次重复排列而形成的图形。完全对称，也就是均匀对称和接近对称，它的各个组成部分是完全对等的，能使人的视觉感觉更加稳固，从而给人以庄重、沉静的美感，而这些都是最基本的组成元素，但是在使用这种对称方式的时候应该注意，如果处

① 林俊华，刘宇．护理美学［M］．北京：中国中医药出版社，2005：43.

理不好，就会产生一种呆板、单调、死气沉沉的感觉。近对称，也就是不完全同形、同量、局部结构略微改变的对称，这种局部有差别的对称，平衡统一中有微小变化，更能从平稳的均匀中感觉到丰富的变化，如我国民间美术中的“门神”。反向对称，就像是太极，两相逆转，平衡互移，是一种充满了力量的平衡。

平衡是指以异形等量、异形不等量的任意组合来达到心理和视觉上的均衡结构。

2. 对比和调和

把不同形状、不同颜色、不同量的图形要素放在一起，就可以形成鲜明对比，从而突显或加强它们的特征，如黑和白、大和小、方和圆等都是比较明显的对比内容。在图案结构上，如果运用得当，可以达到丰富有趣、吸引人的效果，这样也可以增加服装图案的魅力。要恰当地运用对比变化，就要懂得适当地变换，不然就会使人目眩神迷。因此，在变化时，必须充分重视意象与颜色之间的内在关系与统一。

调和指的是在变化中产生和谐。我们要想达成和谐的目的，就应该削弱矛盾，使其形成一个矛盾有序、相辅相成的整体。和谐不仅是简单的图像、色彩、组织的排列，更是要让所有的变化要素都有条理、有规律，达到整齐一致的目的。

3. 节奏和韵律

不同的图案往往会给我们带来不同的节奏感，这就是图案中的韵律，韵律是指特定形状或颜色在空间中的不断重复，并引导人们的目光进行有秩序的移动。

不同的形状、色彩，就像音乐、舞蹈一样，在进行设置的时候就应该注意旋律和节拍。没有规律的改变，就会使韵律混乱，丧失美感。韵律关系体现在对形态、排列、动态的对比上，从而产生一种循序渐进的变化。

采用有韵律的渐变，可以达到柔和、和谐的效果。无规律的变化，是无法达到协调一致的。这个节奏的渐变，是自然界中普遍存在的现象。

节奏是宇宙中普遍存在的①，如我们从植物的分布、茎干的厚度、叶片的尺寸、叶脉的分布等中感受到一种独特的韵律之美；还有动物身上的花纹，也蕴含着美感，展示出了一定的节奏；海浪逐步向前推动、后撤，也有节奏的。

总体上，在艺术意象和色彩结构中，往往有一条或几条的节奏线索。它就像是一首音乐，贯穿了整个作品的结构，将线条的变化和颜色的节奏结合在一

---

① 薛艳．动物图案设计［M］．北京：中国纺织出版社，2020：4.

起，会给人以不同的感觉。

一名优秀的设计者，在编排这种节奏线时，不会仅仅局限于局部的点、线、面的布置，而要从整体上考虑，使之带动、统领着各种形式的变化。这些图形的韵律是非常接近的，它们都是借助形、色和空间的变化，创造出有规律、动感的形态。在特定的设计中，条理与重复构成了图形的节律和韵律，即把复杂多样的形态进行归纳与整理，使其有条理、有规律，再用同样或类似的意象重复排列，达到整体的连续性。

第二节　男装图案设计的常见方法

一、男装图案设计方法的基础——构思

没有概念，就没有设计；没有好的想法，就不会有好的设计。艺术观念是设计的先导，它直接关系到设计的成功与失败。

构思是作家在写作和文学创作中所进行的一系列思考活动，包括主题的确定、主题的选择、版面结构的设计以及恰当表达方式的选择等。在艺术界，人们普遍认为，概念是在形象物化之前的一种心理活动，是由“眼中自然”到“心中自然”的转变，是心灵形象逐步清晰化的过程。设计要符合对象的需要和工艺的生产条件，其中的关键就是艺术的概念。整体设计要求有艺术的思想，而局部的设计也要有艺术的思想。设计者在创作出艺术意象之后，就可以决定设计意图，并根据想象中的意境进行设计。

男装图案的设计需要把握图案、人物、服装三者之间的相互影响，要想使其成为一个完整的整体，就需要对各个因素进行宏观的综合设计。它在满足审美特点的同时，也不应忽视“实用、适用、象征”等诸多功能的发挥。

例如，一名服装设计师，在设计服装的时候，选择的是一些简单的线条和颜色，但是单从图案的设计上来看，这就像是一种艺术品，毫无实用性。然而，这种服装的线条和颜色应用在特定的环境、季节、类型时，它的内涵和价值就会显现出来。其实在男装图案的设计中，要抓住这个平面的构图中的线条与色彩，以抽象的手法与物质的质感相结合，一般就可以达到装饰性的效果。

设计是一种复杂的体系，包括选用何种材料、塑造何种意象、配置何种颜色、运用何种形态、表现何种思想情感等，以及运用功能、消费对象、工艺制作等诸多方面的内容。虽然设计师的设计方法各不相同，但总体上可以分为三

个阶段。

第一个阶段是准备。在设计的过程中，设计师要广泛收集材料，通过对材料的观察和感觉，对其进行初步的分析、研究和想象。

第二个阶段是选择。对前期的构思意向进行综合分析、对比，从中选出最佳方案，再将服装的特征进行深入的设计，在表达方式上就会逐渐趋于明晰、具体。在这一阶段，设计的思想显然具有一定的目的性。

第三个阶段是完成阶段。这一阶段与实际的设计活动密不可分，最终的构思意图体现在具体的图形和整体的关系中，所以整个设计的过程都是设计师设计观念的延伸。构思是一种不断深化的认知，在设计的第三个阶段，设计者可以根据最初的设想，不断地加深、完善，将原来的想法意图转变为更好的想法。

在特定的男装图案的设计中，三个阶段的概念并没有清晰的界限，它们是相互联系和交叉的。重点在于强调设计理念的独立性、广泛性和创造性，以克服单一、固定的思维方式对设计师的影响，从而达到设计的最佳效果。

二、男装图案设计的具体方法

（一）由材料获得设计启示

材料启发法是一种以基本图形为设计基础的设计方法，我们可以将其与服装相结合。艺术是从生活中来的，[①] 作为一名设计师，要善于捕捉生活中的每一个细节。大自然中有很多的事物和现象，如花草虫鱼、高山流水，只要细心地去看、去剖析，就可以从中获得灵感。

材料的收集方式有两种：一是有目标的，二是在没有任何概念的情况下，用一些图像来激发设计者的思考，当一个主题被确定后，就可以进行特定材料的收集。不管是哪一种，运用材料启发法来进行设计创意，必须掌握材料的收集方式，而写生则是从日常生活中获取灵感的最主要方式，它能提高设计的独特性。

此外，还可以通过摄影、临摹、网络等方式来获取更加丰富的材料。同时，从多个角度对各种花色材料进行分类分析，了解其特征及与服装相结合的可能性，最终激发出创造性的灵感。例如，风景图案除了自身的构图美之外，主要是对其进行后续的处理，让其与服装风格相适宜，如果处理得当，会让服装增添一种灵动的感觉，给人以美的享受。人物图案是近年来流行的一种趋势，它

① 徐静，王允．服饰图案［M］．上海：东华大学出版社，2011：76.

主要用于T恤。使用人物图案可以使服装新颖，展示出一定的视觉冲击力，并能增加服装的时尚感以及表达能力。

在收集材料的过程中，我们也不能忽略日常所见的自然、石头花纹等材料，除了其外在的表现，我们还可以在色彩、质感、形状等方面对其有一个基本的掌握，并利用合适的造型手法将物体进行构图；具象材料可以通过归纳、夸张、添加、几何等设计手段来实现对材料的不断延伸。

1. 归纳法

归纳是捕捉事物的最美丽、最重要的特点，我们可以剔除其中复杂的成分，通过简化、概括的方式，使事物更加单纯、完整，从而强化了事物的整体特性。去掉了内部结构、光影等细节，选择物体最有特点的视角，就可以牢牢地抓住物体的外部轮廓，从而掌握物体的本质特性。如菊花的花瓣很多并且花朵造型非常多，我们可以采用简化的方式，采用以少胜多的手法，使其形象特点更为突出。归纳的常用方式有线归纳、面归纳、线面归纳等。

2. 夸张法

夸张法是以归纳为基础，在把握意象典型特征的基础上，突出自然物象中可以产生美的主要成分，突出形、神之美，使其本来的特征更鲜明、更生动。从而达到主题鲜明、感染力强的美学效果。夸张的方法有很多种，如局部夸张、整体夸张等，我们可以根据需要进行选择性使用。

3. 添加法

添加法是指将具有代表性特点的意象合理地进行省略或夸大，以丰富和美化图形，从而使构图饱满、变化丰富，是一种使图案更加丰富和理想的装饰方式。在提炼、概括和夸张的基础上，加入装饰图案，可以使图案具有更多的浪漫色彩。

4. 几何法

几何法是通过把握物体的特性，根据工艺制作，将物体的变形加工为三角形、圆形、方形等。这一变化具有很强的逻辑性。

（二）由大众心理获得设计启示

服装图案的出现与使用是一种社会现象，能够反映出一定时期人们的思想、个性。20世纪60年代兴起的波普纹样，就是人们对自身心理的追求和对艺术的普及。随着时尚潮流的变化，人们的思想观念也在不断更新。

要想探求设计师的目的，我们可以从其设计的服装中找到端倪，而消费者对图案的理解是一种心理上的感知。在产品的具体设计中，要掌握消费者的不同心理需求，以满足消费者的不同需求。例如，粗犷的部族形象可以传递出一种古老、神秘、无拘无束的感觉；精致的设计可以体现出一丝不苟、质朴、肃穆的感觉；纤巧的笔法传递出高洁的感觉。

与其他的专业图案相比，男装图案显然展示出了一定的时代性。在当前的时代背景下，已经有很多潮流都成为过去式，又有一些新的潮流受到了人们的追捧。设计师在进行设计的时候往往也会受到一些外在因素的影响，他们会积极开展市场调查，确定目标人群的需求，并处理好图案与造型之间的关系。

（三）由主题获得设计启示

在男装的设计中，主题定位是一种较为有效的方式，特别是对款式的定位。色彩鲜艳的服装图案，承载着不同的风格和主题，运用图案的设计语言可以寻找合适的切入点，对于同一题材或风格的作品，切入点常常会因人而异。在男装设计中，能不能进一步丰富细节，深化和完善设计，必须充分考虑到图案语言在男装设计中的特殊运用。

（四）由其他文艺形式获得启示

服装图案的设计并不是孤立的，在人类丰富的文化资源面前，设计师可以把它的文化内涵、造型、色彩和构成形式移植到自己的设计之中。在我国的发展历程中，拥有很多优秀的艺术形式，不管是绘画、雕塑、园林、陶瓷、漆器等，都在历史的长河中熠熠闪光。除此之外，国外的一些优秀的绘画以及壁画等艺术也是非常优秀的，可以从中找到借鉴的元素。

在学习和设计男装的图案时，设计师不仅要懂得如何设计服装的图案，还要懂得如何选择合适的款式，并将其与服装相结合。在构思时，应该采用异质同化的方法，从传统的构图和表达方式中汲取新的设计内涵。例如，仿效唐代的卷草，以二方连续的水仙花为题材，最终形成水仙的图案。材料的变化，可以是同样的结构，也可以是不同的。对唐代的卷草图案可以进行改良，使其形成新的图案。同样的样式，通过不同的结构和表达方式，可以创造出意想不到的美丽图案。

（五）由面料创新获得启示

从设计的表达方式上来说，是设计师根据自身的审美或设计需求，创造性地应用面料，通过抽象的图形，使传统的面料产生一些新的感觉和内涵，从而提高其表现力，重新塑造面料的新形象；从工艺处理的角度来看，面料创新是指设计师在已有的面料基础上，对其进行处理，如轧褶、络缝、镂空、机绣、贴布、钩针、编结等特殊工艺，以达到空前的视觉效果和独特的艺术魅力。

总之，无论哪种方式，都要在实际操作中灵活运用，并能将各种方法结合起来。

第三节　传统图案要素应用于男装图案设计

一、清代补子应用于男装图案设计

（一）清代补子的基础知识

1. 补子的概念分析

补子图案，又称“官补”“胸背”。明清时期官员朝服的胸背各饰一块由动物为主形，配以花卉、海水江崖、器物、云纹、太阳、火纹、文字等构成的方形补子图案。补子图案分文官和武官两大类，明清的官职不同，图案造型也各不相同。代表官位的补服定型于明代，图案随官职而变化，明代补子的绸料为 40 cm~50 cm 见方，素色为多，底子多为红色，用金线盘成各种图案。清代补子以青、黑、深红等深色为底，五彩织绣，补子的绸料多为 30 cm。补子图案制作方法有缂丝、织锦和刺绣三种工艺，外形规整，图案精细，制作精良，造型极具装饰感，有着极高的工艺和审美价值。

最早有关以袍纹定品级的记载出现于《旧唐书·舆服志》。元代出土服装实物证实，在元朝服装的前胸和后背均有“胸背”图案标识。明朝开始明确规定将补子作为官品等级的标志。清朝基本沿袭明制，但在具体的品级图案、官补大小、织造工艺等方面略有调整。

2. 清代补子的文化意义

中国的传统文化是博大精深的，而图案所传达的内涵也是非常丰富的。清代官补除了表面上所拥有的身份象征之外，还有着更为深刻的文化内涵。

（1）中国古代朴素的自然观念

清代补子的形态与构成，体现了中国传统“天圆地方”“天人合一”的朴素自然观念。补子分为圆补与方补两种形态。圆补多为皇室成员使用，而方补则为官员之用。补子所呈现出的都是大自然中的鸟兽景象，每一种图案都是从大自然中汲取灵感，与中国传统文化所要求的“天人合一”相一致。

（2）封建社会的集权思想与阶级意识

清朝严格的服饰规范，直接体现出了封建时代森严的阶级观念，以及难以逾越的等级观念。从清代补子的构图来看，每一件清代补子所包含的图案种类繁多，其主体图案也各不相同，但总体上看，其构图、色彩都是一致的，能够形成一个整体。尤其是在清代官员的官补构图中表现得更为明显。官帽上的每一块图案都是固定的，占据了整幅画的正中央，所有的动物都抬头看着上面的君王，以示自己的忠心。由此可以看到，封建社会的权力高度集中，封建统治者对臣民的专制力，是中国封建社会集权思想的集中反映。

（3）传统祈福纳祥的吉祥寓意

中国传统的图案总是追求“图必有意，意必吉祥”。在清代补子所用的兽形图案中，其本身就带有某种吉祥的意义。清代官员是青色和蓝色的蟒袍，以蟒数区别官员级别。三品以上是五爪九蟒，四品至六品为四爪八蟒，七品以下为四爪五蟒。清代文官的官服的补子从一品至九品依次是仙鹤、锦鸡、孔雀、云雁、白鹇、鹭鸶、鸳鸯、鹌鹑、练鹊；清代武官的官服的补子从一品至九品依次是麒麟、狮子、豹、虎、熊、彪、犀牛、犀牛（七品、八品同为犀牛）、海马。

而在非主题的图案中，则使用了大量的吉祥图案，以传达深厚的文化意蕴。清朝的补子图案，以吉祥的形式表现了整个民族对美好生活的向往。它既体现了传统社会对个体道德的重视，也体现了人们对个人的高尚情操的推崇，显示出了当时人们内心的追求。

3. 清代补子的艺术特征

（1）纹样题材

清代补子所使用的纹样题材可按用途分为主题纹样和非主题纹样两大类。

主题纹样即位于补子画面中心，直接表示身份地位高低的动物纹样。非主题纹样又可按其具体用途分为装饰纹样、边饰纹样和背景纹样。装饰纹样，即在补子中起装饰作用的纹样，具有品种十分丰富、组合灵活多变的特征。清代补子使用的纹样题材众多、内容丰富、组合多变，形成了各式各样、千变万化的清代补子图案。

（2）构图形式

清代补子在图案上虽然千变万化，从构图上看，却是有规律可循的。

圆补一般用于皇族。构图形式为单个主题纹样放置于补子画面中心，下方为江崖海水纹，其他装饰纹样填充画面形成的圆形纹样。

方补一般用于官员，但方补的构图样式更为多变。文、武官的官补皆采用单个主题纹样，放置于补子画面中心，或立或蹲于岩石之上，仰头朝向位于官补左上角的日纹，比喻臣子忠心。画面靠下三分之一多为江崖海水纹与立水纹纹样，其他非主题纹样以主题纹样为中心呈放射状分布，画面左右两边布局基本对称，各组纹样大小比例协调有序。这样的构图形式使方补画面具有一种平衡感与稳定感。细节虽然繁多，但主次分明，整体和谐统一。

（3）色彩搭配

清朝前期的补子图案较为简练，颜色以暗金、石青为主。清朝中晚期的补子图案比较繁复，其刺绣工艺也多采用多种刺绣的组合。颜色以青石色为主，鸟、兽的图案多以白、黄为主，辅以一些其他的颜色，如青、黄、红、白、黑等。与明朝相比，清朝的补子颜色更加丰富、鲜艳、层次分明。从总体上来说，清代补子所用的底彩与官服基本一致，所用的颜色也以青绿色为主，其他颜色为辅，总体上呈现出一种绿色的色调。

（二）清代补子应用于男装图案设计的可行性

1. 清代补子的文化内涵符合服装设计的价值理念

服装设计是一种综合性的艺术[①]，它不仅具有普适性，而且在艺术表达和内涵上也十分丰富。

具体地说，就是由服装设计师从某个角度提炼出艺术的灵感，加上自己的主观观点，再经过艺术的处理而运用到服装的设计中。在这一时期，服装不仅是一种实用的商品，更是设计师通过这种方式来传达自己的想法和与消费者沟通的方式。民族特征与传统文化由于历史悠久、内涵丰富，有利于设计师从中提炼出设计的要素，民族元素会更容易引发消费者的情绪共鸣，是服装设计中常用的主题。

经过一段时期的发展，中国的服装设计已经进入了一个追求民族个性和品牌文化的时代。在几千年的发展过程中，寻找合适的服装设计资源，提升中国服装的文化品位和高度，是中国服装市场发展的一个重要方向。清代补子的形式特点和文化内涵的丰富性，反映了地域文化、社会观念、审美观念等方面的内容。在当代服装设计中引入清代补子，容易引起消费者的文化认同和情感上的共鸣，这与当代服装设计的价值观是一致的。

2. 清代补子的艺术特征符合服装设计的审美需求

服装设计也要遵循一般的艺术设计规律。清代补子纹样精美、工艺精细、面料考究，其构思和设计凝聚了历代匠人的智慧，具有很高的艺术鉴赏力和收藏价值，满足了当代服装设计的审美要求，也为设计师提供了丰富的设计素材。

清代补子色彩搭配鲜明强烈，为当代服装设计中的色彩搭配提供了素材。清代补子所用的织造工艺繁复多样，各种工艺所产生的纹理效果互相配合，对

---

① 周冰，许楗．立体构成［M］．西安：西安交通大学出版社，2011：100.

于当代服装的设计也有很大的借鉴作用。

将清朝的补子元素引入现代服装设计中，不仅可以继承和弘扬优秀传统文化，体现中华民族独特的文化魅力，更能体现出中国特色，为中国当代服装设计的实践与创新提供重要的资源保证。

（三）清代补子应用于男装图案设计的理念

男装设计遵循的基本原则之一就是“古色古香”，以中式为主线，力求体现出简约典雅的服饰风格，既有中国的美感，又能突显出一定的质感。

男装的目标消费者注重品位、注重质感，对中国文化有着某种追求，或者喜欢用中国的产品表达内心情感、喜好的人群，在日常的闲暇时光，他们往往愿意参加一些较正规文化类活动，如讲座、沙龙、展览、演出等。

（四）清代补子应用于男装图案设计的步骤

1. 图案提取及再造

设计师可以收集大量的补子，从中挑选出内容丰富、结构鲜明的补子。采用粗细不一的线条描边的方法，就可以提取出更加简单的补子图案，这是男装设计的重要组成部分。重新组合设计元素，再加上几何元素的搭配，就可以使得设计更加时尚。以青色为主色调，配合牛皮纸色作为图案的重色，可以增强图案的层次和质感。调整图案的黑白灰色，就可以使其成为主要的浅色和以重色调为主的图案。

2. 成衣设计及制作

在进行图案设计和修改的同时，还应该将图案应用于男装的设计中，在投入生产之前，设计师可以事先绘制出相应的效果图。参照效果图，可以绘制各种样式的服装款式图，之后进行打样，并同时完成一系列配饰的设计和生产。

二、闽南水泥花砖纹样应用于男装图案设计

此处主要以闽南水泥花砖纹样为实例，对其在男士衬衫图案设计中的运用进行了分析与讨论。

（一）闽南水泥花砖纹样的基础知识

1. 纹样类型

闽南水泥花砖融合了欧洲和南洋花砖的艺术特点，并融合了当地的文化和

地方特点，呈现出“侨色”的特点，并展示出了一定的地域性特色。① 常用的是简单突出的线条设计，多为三角形、菱形、方形等几何图案。对于设计师来说，还可以从日常生活中收集花朵样式，经过抽象提炼，就可以形成优雅而耐看的植物图案，在花朵图案中还可以添加昆虫图案，使其更加贴近生活，起到装饰的作用。

（1）几何纹样

在各种的花砖纹样中，最为常见的就是几何纹样，几何图案是瓷砖图案中使用最多的一种，其图案以点线形为主，线条纹理清晰、简洁。其几何图案有四边形、方形、菱形、多边形等。例如，1905 年在厦门建造的卢厝花砖，由深浅两种颜色组成，周围留有空隙，没有任何装饰，又叫“番仔砖”，八边形的花砖，多用于地砖。鼓浪屿海天堂构、湖里万石楼、鼓浪屿公审会堂等均使用了这些几何图案，脚踩在这些砖石之上，也可以带给我们一些美的感受。

（2）植物纹样

闽南一带的水泥花砖，在民间各种风俗的影响下，图案也变得多种多样，大部分的植物图案都是从日常生活中提取出来的，有些花色是独立的，有些则是用花瓣做成的。除此之外，设计师不仅勾勒出花朵的线条，还可以将其与各种各样的花草进行搭配，从而显示出一种别致的美感。

（3）动物纹样

自古以来，在不同的文化中，动物的形象常常被视为最有力的标志，而动物的图案则是一种具有鲜明个性的符号，把动物的图案融入花卉的图案中，不但能给人带来更为丰富的视觉感受，同时也能起到装饰和点缀的效果，使花砖的图案形态更为丰富。不过，具有动物图案的地砖比较少见，厦门鼓浪屿的两栋别墅中，都有蝴蝶图案的地砖。

2. 纹样色彩

花砖分为两种，一种是彩色的，另一种是没有色彩的。早期的地砖以黑白为主，其黑白相间的几何方块相互映衬，营造出一种立体的感觉。黑白两色是两种相互矛盾的颜色，既能展现图案的层次，又能展现出强烈的个人色彩，是设计中对自然形态的一种高度凝练。后来，地砖与闽南的亚热带气候结合，颜色也变得越来越多。人们透过视觉感知颜色，色彩从客观上来说可以使人感到新鲜、兴奋，而在主观上则是一种行为上的体现。

---

① 张艳，苏培玲，贺克杰．闽南水泥花砖纹样在男士衬衫图案设计中的应用［J］．泉州师范学院学报，2018（3）．

3. 纹样排列方式

这种无序的布局与一般人对整体的要求是一致的，因此，从设计的规律上来说，它必须满足某种形式。花砖的艺术布局也是如此，它的布置方式主要有单块成形和四块组合两种方式，单个花砖的组装工艺比较简单，不需要进行特别的调整；四块不同形状的花砖拼装起来很麻烦，需要熟练的工人来完成，否则就会不太美观。比较来说，单块成形的花纹图案较小，四块成形的花纹图案则较大，所以对于一些较大的面积，往往会选用大一点的方砖。

（二）闽南水泥花砖形制外观的图案创新

1. 提取花砖纹样元素

提取花砖纹样要素是一种创造性的方式，它保持了原来的形状，将其内在的要素提取出来，并与当今的时尚元素结合在一起，形成了一些新的图案。厦门万石楼的闽南水泥花砖就是其中的典型案例。该花砖的造型是采用四方连续的形式，主体花纹由植物花蕊和叶蔓组成，附属花纹是四朵小团花，整体为中心对称图形。从原型当中把主体花纹中心花蕊部分用形似枫叶形状取代，用时下流行酷似小胡子元素取代其四周的叶子部分，把原来点缀在四周的小团花进行紧缩，设计成新圆心，圆心中间镂空，使整个花型疏密有致。色彩提取保留其原有颜色为边框，整体呈暖色调。此为举例示范路径，可举一反三进行其他创新。

2. 提取花砖纹样造型

花砖的纹样造型由点、线和面组成，点由移动的轨迹组成，再由线组成面。平面上的图形是由点线面组合、排列、分割而成的，点线的组合能让画面更具有动感、节奏性，也能产生近似、重复、渐变等效果，从而产生视觉上的冲击力。其中，“点—线—面”的布置能够展示出一种新颖的图形形式。

以水泥花砖为例，将外轮廓设定为八角形，用折线和圆圈勾勒八角形的轮廓边缘，用细长的倒三角和叠加的半圆及曲线表现花型，用四个圆弧和椭圆构成中间的花心，其余适当地用线、块面形式拼接，适当地留白，使得各元素排列在限定的八角形中，用线和面来表现图案的造型和层次性。另外，也可采用其他抽象或几何造型，线和面也可以作颜色上的创新设计，使得设计出来的效果更加与众不同。

3. 提取花砖纹样排列方式

利用几何要素抽取方法，可以提取出花砖的纹样。几何要素的归纳，就是将几何要素的固有形状保持不变，将这些几何形状进行适当的转换，从而得出一些新的图案。以闽南水泥花砖为例，该花砖外轮廓为两个正方形各旋转45°，提取它的元素作为新对象的外形，内边中心将它看成一个圆圈，旁边以花蕊形式环绕，中心周围的点缀部分则将它转化成环形花瓣，花砖中心轮廓的部分不变，提取出来作为小中心外轮廓，细长线条的重复使用别具一格，以轮廓边为轴进行45°回旋，十六边形作为外边的形态，图形准确、简练、明了，排列图案色彩为原花砖颜色的提取，保留整体花砖形式。

（三）闽南水泥花砖纹样在男士衬衫中的应用

在当今的多元化时代，男装的设计比女装更具风格性，在结构上稳定而多变，样式上没有太大的改变，花样运用也比较保守。男士衬衫是男装中比较经典的一种，与其他男装类型相比，它的设计更具弹性，随着社会的进一步发展、设计理念的进一步更新，男装的设计也展示出了一些新的特色。本节以男士衬衫为主要设计目标，旨在突破男装上的传统款式，打破男装款式定型的缺陷，以迎合现代男士追求变化的个性心理。

1. 男士衬衫中单独图案的应用

单独的样式是一种可以单独呈现，不受大小和形式的约束，可以单独处理和使用的一种形式。[①] 单个图案是随意的，可以用于装饰和填充，它的形状变化较大，图案表达能力也较强，用于男士衬衫时，应该将那些面积较小的图案放在服装的局部，如袖子、领子、袖克夫、底摆等，而大的图案则用于正面或背面。

（1）单独图案的小面积应用

这里以法国衬衫的单一样式为例，介绍了法国衬衫在男士衬衫中的应用，它的特征是左边没有口袋，领口比一般的领口高 1 cm 左右，袖口用双层衬里固定，没有褶皱和一些其他的省道设计，给人一种简洁干练的感觉。对于一些小面积图案，可用于装饰宝剑头、袖扣领口的尖角，款式可依潮流及穿戴者的偏好而定。在小袖扣上运用图案，可以点状的方式进行局部植入，这样就可以使本来单调而又严格的衬衫能够增加一种生机。宝剑头部的花纹可以通过绣花的技术手段来表现，从而使图案更加精致。

（2）单独图案的大面积应用

以男士休闲衬衫的基本款式为例，其有尖角的领型、胸口的贴袋、暗门襟，后背没有褶皱、省道。花砖的图案设计可采用简洁的几何元素，形成十六角的复合图案，分别用于口袋和背部的装饰，整体图案占到了后面的一大块区域。运用局部和整体的设计，将前装的简洁、庄重与后装的突兀强调感相对照，能

① 谢小岚．丝绸面料在家居服产品中的设计与运用［J］．江苏丝绸，2011（4）．

够突显出现代人的个性需求。在男装设计中使用大面积的图案可以反映出人激情奔放的特点，产生强烈的视觉冲击力，小面积的图案是画龙点睛的，为衬衫增添了丰富的变化，与背面大图案的设计配合，形成前后的呼应，在工艺上可以采取转移印花和绣花两种工艺方法。

2. 连续图案的应用

图案不仅是一种造型艺术，更是一种文化思维的升华。精致的设计背后，蕴藏着丰富的文化、新奇的创意，也能够充分展现男装的成熟和内敛。

因此，在男士衬衫中运用连续图案时，必须重点解决的问题就是如何满足男性的个性化审美要求。连续式是一种重复出现的式样，即一种图案进行重复排列，其有两种连续方式，一种是二方连续式，另一种是四方连续式。

二方连续结构的特征是沿一个方向的连续扩展，其主要包括点状式、条状式、折线式和归纳式。在男式衬衫的设计中，要注意图案尺寸和位置的协调，使之成为一个统一的整体。它广泛地应用于男装的侧面装饰，如门襟、袖口、底摆等。

四方连续的设计特征是一个独立的整体图形，在上、下、左、右四个方向不间断地延展，这样的布局形式统一、反复，也是非常具有艺术美的。它有3种方式，分别是点状、缠绕和重叠。四方连续在男士衬衫印花织物的图案中使用比较多，其花纹小巧玲珑，颜色丰富多样，与二方连续的排列相比，变化无穷无尽，对服装的装饰效果更为明显。

（1）连续图案创新及应用

四方连续的单元图案经过元素提取和适形排列加以提炼，采取水平拼接和四周平移的方式，即单元图案四个方向相接，图案沿上下左右方向反复延长，选出两个单独纹样将它做成一个完整图案进行水平排列，构成二方连续纹样。单元图案构成大面积图案后在相连接的空白部分采取花纹以及方点填充，加强了整个图案的条理感，将设计的单独图案向四周移动形成四方连续图案。

男士衬衫的四方连续式工艺主要采用全幅数字或网版印刷，不同成分、组织和密度的底布对印花的效果有直接的影响，印花时应选用纯棉、平纹的面料作为底布，线密度越低，花纹效果越好。

（2）花砖与佩兹利纹样相结合的图案创新与应用

有很多的因素都会影响服装图案的美感，如色彩搭配、图案造型、艺术美感等都是一些重要的影响因素。佩兹利纹样以其丰富的表现形式而著称，它是典型的涡形图案，除了表现对象和基本形态的局限之外，在格律、色彩、表现形式方面都没有受到任何的限制。①

佩兹利纹样的基本结构与传统的花纹相似，在组成上以连续纹样为主。在花砖四方连续图案的设计中，采用佩兹利纹样图案进行变化设计，能使服装的效果更加丰富。

佩兹利纹样的头部是平滑的、圆润的，象征着美好的人生，而尾部涡旋则是充满了活力。把佩兹利纹样和花砖组合起来，会给人一种强烈的动态感觉。对佩兹利纹样进行再设计，使之与方形的连续花纹相匹配，可以赋予它新的活力。

以花砖和佩兹利纹样相结合的四方连续图案的设计，适合于男士衬衫漫花的图案印花方式，蕴含着民族韵味，符合时装发展设计潮流，如单独纹样的重新组合以及组合纹样等。

总之，闽南花砖从引进、兴盛到衰落，反映出闽南侨胞回归家园建设的一种趋势，呈现出“侨色”的风貌，是一个时代的标志与印记。如何将美学元素与大众的共识融合，使之成为一种永不消逝的艺术，是当代设计者需要认真思考的问题。将花砖应用于现代服装设计中，既是一次传统与现代时尚的交流，又强调了其“形”，更要深入挖掘其“意”，并将其与当下的服装设计结合起来，让其更具当代意义。

---

① 曹叶青，钱晓农，张宁，张苕珂．淮阳泥泥狗艺术形式在男士衬衫图案设计中的应用［J］．纺织学报，2016（9）．

第六章　男装搭配设计

随着时代的发展、社会的进步，服装配饰的研究也日益受到人们的重视。本章从男装的特点和流行性入手，对男装的基本配饰进行了深入的探讨，并对男装的设计与搭配等进行了较为详尽的论述。

第一节　男装配饰的流行性表现

一、男装与配饰流行性之间的关系

从男装的发展和演化过程来看，男装的消费理念与男性在社会生活中扮演的角色有着重要的关系，同时受到社会审美风尚等因素的影响。在某些特定的历史时期内，也出现过一些华丽的男装，但是这一历史时期并不长。从总体上来说，当前社会对男性形象提出了更高的要求，大多数男性在选择服装及相关饰品时，都较为重视产品的功能性而相对不注重产品的装饰性。

在产品设计中，经常会添加一些装饰品，从而更好地突显某一品牌对流行时装主题的运用，因为在一般情况下，男性饰品在整体服装形象的搭配中并不会格外引起人们的注意，其所占的面积要比服装主体小。因此，在比较稳定的男装中，使用流行的颜色、材质甚至是流行的穿衣风格，都不会显得突兀，如果搭配得当，就可以达到画龙点睛的效果。

例如，在商务场合，男士们可以根据自己的喜好，选择合适颜色的领带，以此来表达自己对时尚的了解，同时，跳出传统的搭配方式，让自己的穿着与众不同也能为自己赢得更多的目光。

从产品设计的观点来看，男装配饰的日臻完善与合适的配饰密切相关，并且拥有互相影响、互相依赖的关系。从一定程度上来说，男装的流行资讯将会对男性饰品的设计风格产生一定的影响，而男装的流行元素也会起到美化服装的作用，从而可以让一套服装展示出不同的效果。

设计师要在掌握品牌风格的同时，合理分解、重组大众传播的信息，将其运用到产品设计中去，这样既能使服装与配饰设计呈现出整体的协调性，又能将其合理地运用到时装设计的潮流中去。

由于男装品牌的经营与产品的设计已经日趋成熟，所以对于那些已具备一定规模以及经营能力的男装品牌来说，他们就应该对产品的设计付出更多的耐心，其产品的设计架构都是经过精心设计的，所推出的商品不仅限于男装，还包括男装的整体设计，使得本品牌的产品能够经过不同的搭配方式从而获得不同的效果。消费者进入专卖店即可选购到自己需要的所有物品，不仅是服装，还包括鞋袜、帽子、领带等，从而形成了“一站式”的消费模式，这不仅能够提高服装店的营业额，也能够让消费者花费最少的时间买到最全的物品。拥有服装产品的男装品牌在陈列展示时，也可以通过对不同服装、配饰的灵活搭配组合，从而将服装的不同穿搭方式展示给消费者，这样就可以很好地体现出该品牌的产品所追求的品牌风格和产品观念。通过这样的服装整体陈列，可以形成一个很好的品牌张力，有助于在消费者心中树立一个好的品牌形象。

二、流行趋势下男装配饰潮流分析

在特定的历史阶段，人们受到某种自觉意识的驱使，可以通过模仿来广泛地开展某种生活行为，从而产生一种独特的社会现象。① 现代社会的流行观念，包罗了人生的方方面面，而服装流行是其中最为活跃的一种流行现象。在服装行业，流行趋势的预测主要是通过专业的流行预测组织对后续的流行服装样式进行提前预测。

与此形成鲜明对比的是，在衣食住行中，服装和饰品的设计风格、工艺、材料构成、服装搭配等各方面对于潮流拥有极强的感知力，甚至能够及时地反映出当前和将来的时尚潮流。

时装流行趋势对服装产品和饰品的影响层面是很广泛的，包括色彩、面料、款式、细节、搭配、风格、工艺等，在不同的流行周期中，设计师可以用不同的流行趋势作为设计的主题，而对于服装和饰品的设计，则要根据某个主题下的关键词，对产品进行细部的设计和完善。

由于流行象征着消费者在当前和今后一段时期的消费倾向，因此，品牌企业在进行产品设计之前要充分考虑消费者的需求。如果有必要，就应该提前做

---

① 许才国，鲁兴海．高级定制服装概论［M］．上海：东华大学出版社，2009：155.

好市场调研，如果仅仅坚持原来的设计风格，而忽略了时尚潮流所带来的消费需求的改变，反而会使消费者感到不满。

对于男装而言，时装流行趋势往往以特定的主题风格为主导，并紧紧围绕某个主题而展开，让其成为下一季服装的设计走向。而品牌企业的设计师会对当前的流行趋势进行深入分析，在此基础上再着手产品设计，并且运用主题趋势的关键词描述来体现产品的流行趋势。

在不同的市场环境下，服装的流行趋势也是存在差异的，设计师可以根据不同的设计主题，在进行服装产品的设计时将未来的时尚定义融入其中。例如，在低碳环保的设计理念下，设计师就可以将一些简洁、流畅的线条运用到服装的设计过程中。与此同时，还应该使用一些无染色的材料，对其进行深度加工，从而突显出产品的整体设计理念。

第二节　男装服饰基本配件

一、包袋

包袋是男装中最主要的配件。包袋不仅要和人搭配，还要和衣服搭配。[①]在过去，男性用包的功能和样式比较单一，并且使用的人群范围也比较狭窄，多为商务和管理人员所用。对于这种人来说，他们往往会更为注重产品的档次，所以在选择包的时候，常常会挑选品质优良、精致美观的名牌包，这些包往往有更考究的用料。穿上质量上乘、设计良好的外套，配以高档的衬衫，再拿上做工精良的皮包，这样的男人就可以在谈判桌前为自己营造一种良好的形象。商务用手提包的样式是比较传统的，手提包的设计一般来说都非常简单，主要是为了起到实用的作用。这种包颜色单一、用料讲究，通常选择皮革材料。流行包的款式很多，有肩包、背包、腰包等，适合日常旅游、休闲等活动。其样式设计随意，可采用多袋式、拉链式、拼接式等，所选用的材料也更为广泛，皮革帆布、人造皮革等都可以运用到产品中。

可以说，包袋的历史与服装的发展是同步的。最早的时候，它是由自然的皮革和植物的韧皮制成，随着纺织工业的发展，它的材质也越来越多元化，不仅有了各种样式，而且其功能也更多了。

---

① 陆红阳，喻湘龙，尹红．现代设计元素——服装设计［M］．南宁：广西美术出版社，2006：74.

随着人们的生活品质的改善，人们对生活的丰富性也提出了较高的要求，男性的包的种类也越来越多。从包的类别而言，有手提包、公文包、休闲包、背包等多种不同的类别；从包的形状而言，有正方形、长方形等。男士的选择余地是非常大的，因为他们可以根据使用场合的不同以及自身的喜好，选择适合自己的包。

二、领带

在穿西装的时候，男士往往会扎上一条领带，从而让自己显得更为整洁、干练，这也是最能迎合男士着装需要的一种服装配饰。男人的领带主要有两大用途，一是装饰，二是发挥出某种标记的功能。

对男士来说，通过使用领带可以让自己的服装展示出很强的装饰性，它可以突破日常生活中的平淡与呆板，帮助服装形成一个视觉中心，展现出一种时尚与活力的感觉。

领带在服装搭配中能够发挥出很重要的作用，并且能够塑造出个人独特的形象和气质，它通过使用简单而有力的外形线条，点缀和强化了男人的性别色彩，使得男人的服装形象更加突出，并且能够起到平衡、点缀和强调的作用。通过使用不同的领带，就可以让服装产生出不同的氛围。要想改变一套西装的整体印象，最容易的办法就是改变一下领带的样式或者颜色，尤其是在穿着西装套装的时候，不系领带常常会让西装黯然失色，所以它被称作“西装之魂”。①

领带的标志作用是为了彰显出佩戴者的文化品位、气质，如表明其所属行业、团体等。在某些具体的行业中，统一着装的目的是突显整个行业的形象，除此之外，还有特殊图案的领带。许多企业经常会设置自己的领带样式。

领带颜色的选择，往往与所处的职业有关，或者满足与职业装搭配的目的。一些具有特色的领带，它的主要功能是广告和标志，可以突出其象征意义，所以往往以容易读懂、一目了然的方式来表达，而非注重装饰的艺术效果。人们还经常从一个人的领带特点上看出他属于哪一个专业群体或阶级。

领带可以分为箭头型领带、线环领带、宽型领带、巾状领带等。

三、帽子

男性的帽子样式没有太大的改变，但是在穿着上有一些特定的标准。除此

---

① 马海祥．公关社交礼仪［M］．合肥：中国科学技术大学出版社，2014：30.

之外，我们还要注意服装的整体协调性。例如，在穿晚礼服的时候，就应该戴上礼帽；在晚间出席一些场合的时候，就应该选择一些黑色或者深蓝色的帽子。在日常生活中所戴的帽子就没有过多的要求，只要是自己觉得宽松、舒适都是可以的，帽子的配饰并不是很严格，只要符合穿着者的脸型、肤色、气质等就可以。

帽子的功能分为三类：实用性、象征性、装饰性。在古代，人类以狩猎、捕鱼为生，兽皮是用来防寒的，而帽子是用来隐藏自己，或者是遮风挡雨的。在现代，帽子的装饰作用越来越突出，但是并不是说其实用性荡然无存。例如，在阳光下，一顶遮阳帽就能给人遮阳，让人尽量免受紫外线的侵害；在严寒的冬天，戴上一顶编织的帽子，或者戴上一顶毛皮帽子，可以保护头部不受寒气的伤害，提升整体的保暖性。

此外，从科学的观点来看，帽子的出现显然对人类的发展起到了极大的推动作用，戴帽子能保持人体整体热平衡的实现，在天气变化时，不会造成头部过多的热量损失，也不会导致全身的温度大幅度下降，还会在一定程度上缓解人们头疼的症状。

在古代，帽子的象征作用主要体现在官职等方面。而在今天，帽子的象征作用则体现在其职业标志作用上，如军人和警察的帽子就比较特别，我们往往看到这样的帽子，就会油然生出对他们的敬意。

在讲究服装搭配的今天，帽子的装饰作用更加明显。各种不同的礼帽，既能保暖，又能给单调的穿着增添几分光彩。总的来说，两件不同衣服的搭配，会对人的整体形象产生很大的影响，而有时候一顶简单的帽子，就可以让一件衣服变得光彩夺目，让人产生眼前一亮的效果，帽子的装饰作用不可小觑。

按照不同的分类方法，帽子有很多种名称以及与其相对应的功能和造型。按用途分：有风雪帽、雨帽、太阳帽、安全帽、工作帽、旅游帽、礼帽等；按使用对象分：有情侣帽、牛仔帽、水手帽、军帽、警帽等；按制作材料分：有皮帽、毡帽、毛呢帽、长毛绒帽、绒线帽、草帽、竹斗笠等；按款式特点分：有渔夫帽、贝雷帽、鸭舌帽、棒球帽、棉耳帽、八角帽、瓜皮帽等。

四、鞋靴

鞋是裹足的物件，也是服装配饰的重要组成部分。鞋在人类服装中占有举足轻重的地位。[①] 在人的穿衣搭配环节，服装所起的作用也是非常大的，并且

---

① 王建男．中国人的雅致生活［M］．哈尔滨：北方文艺出版社，2017：225.

展示出了较强的主观性与整合性。那么作为配饰的鞋子，其发挥出的作用显然没有衣服的作用大，尽管其处于从属地位，但是当下的一些时尚人士却越来越意识到鞋子的重要性。

鞋是服装的重要组成部分，除了要结实耐穿、穿着舒适、便于行走、便于搭配等基本要求外，还要注意突显时尚感。在当今社会，男人对鞋子的选择越来越重视，他们在选择鞋子的时候往往不会局限于已有的内容，而是会选择一双时髦的鞋子来装点自己，如果做到良好的搭配，就能让鞋子更好地展现出他们的魅力。

按照使用功能分：有拖鞋、休闲鞋、雨鞋、滑雪鞋、溜冰鞋、骑马鞋等；按照穿着季节分：有春秋鞋、夏季凉鞋、冬季毛鞋等；按照造型种类分：有平跟鞋、中跟鞋、高跟鞋、尖头鞋、平头鞋、圆头鞋、方头鞋、低帮鞋、中帮鞋、高帮鞋、长靴等；按照材料分：有皮鞋、合成革鞋、塑胶鞋、棉布鞋、绳编鞋、草编鞋、木鞋等。按照鞋子的设计风格或者穿着场合分类，鞋子可以分为正装类和休闲类两大类。从样式种类来区分，鞋子可分为系带式、扣袢式、盖式等。男士经典的正装皮鞋是系带式牛津鞋，通常会打上三个以上的孔眼，并加上系带；另有搭扣式平底便鞋、黑白两接头正装鞋等。在日常穿衣搭配中运动鞋、休闲鞋、乐福鞋、德比鞋、牛津鞋、孟克鞋等均是男士着装搭配的主要选择。

五、腰带

腰带是男人的必备饰品之一，即使是一条很细的腰带，我们也能透过它从侧面上感受到男人的品位、爱好等。腰带对于男人来说，是非常重要的，并且也能在搭配中发挥出重要的作用。所以，腰带是男装设计中的一个重要组成部分，在进行设计的时候，也应该引起设计师的注意。

在男装搭配中，腰带的功能主要表现在两个方面，一是实用性，二是装饰性。在最初，男人使用腰带的目的是避免裤子从腰部滑下来。在古时候，人们也会在腰带上挂上一些玉佩或者香囊等物品，从而提升衣服的美感。在现代服装的设计中，腰带的装饰作用越来越受到人们的关注。腰带能在修饰身材的同时，在细微之处展现男人的个人魅力。一件普通的男装，由于系上了一条腰带，就会显得与众不同，所以在男装的搭配中，腰带的点缀作用是不可忽视的。

男士腰带的材质十分丰富，通常有皮革、布料、金属等，由于不同的造型风格和佩戴位置而产生出多种不同的种类。腰带的分类可以通过不同的材质来加以区别。常见的皮革类材质有猪皮、牛皮、羊皮、鳄鱼皮、蛇皮等，各种质地的腰带由于加工制作过程不同，而呈现出多样的风格。如猪皮和羊皮，经剥离分层后，更为柔软；牛皮有身骨硬挺的感觉；鳄鱼皮则是档次较高的选择。腰带上的压纹和肌理效果，使其更具魅力和特色。布料类主要是休闲的帆布腰带或牛仔腰带，是最适合表达男装休闲意味的腰带。

六、其他饰品

适当地运用各类服装配饰，不但能展现服装的整体美感，而且还具有画龙点睛之效，我们可以通过分析男人佩戴的饰品，从而探寻到其内在的喜好。通过合理配饰的使用，更能彰显男人的优雅与修养。男装配饰除以上五大类外，还有下列配饰。

（一）领带夹

领带是男性特有的配饰，因此，领带夹显然也是独属于男性的，可以使用领带夹从而起到固定领带的作用，防止领带抖动。如果领带随意活动，不仅会影响美观，还会导致污损，如在用餐和喝茶时，如果领带因为没有固定好而掉入杯中就会非常尴尬。除此之外，领带夹还能起到装饰的效果。通常，领带夹最好是在打结下面四分之三的地方，不宜将其放置得太高或太低。领带夹的主要材料是金属制的，贵重的领带夹往往是用合金和银制的。从形式上来说，有镶嵌和镂空的区别，形状多数是以条形为基础的，还有一些是和衬衫的袖扣相配。

（二）袖扣

袖扣是一种特殊的配饰，尺寸与普通的扣子是差不多的，也是男装配饰中最主要的一种组成，它的作用不仅是固定袖口的位置，还可以起到美化衣物的作用，而且由于所用的材料非常精致，其作用更多的是装饰。

一对独特的袖口纽扣，不但可以为男人平淡无奇的正装增添光彩，还可以成为高级成功人士的标志。各大男装品牌每年都会推出一款新的袖扣，很多大品牌都会用珍贵的金属做袖扣，在上面镶嵌上珠宝，而经典的商标也会在袖口上闪闪发亮。由于工艺精美、用料珍贵，所以在使用的时候，这些袖扣都会被精心珍藏起来。

（三）袋巾

在男人的外套口袋里放一块手绢，起初是出于方便的目的，后来也展示出美观和整洁的双重作用。在现代，男士在其口袋里也装有一些东西，如纸巾等。

对于穿着西装的男士来说，口袋里的东西显然也是必不可少的。从本质上来说，袋巾是一种装饰，常常置于左胸口，使其显示出了更加丰富的内涵，并且突显了其装饰特性，起到了与领带相互呼应的作用。现在的袋巾不仅款式新颖，而且色彩和花纹也是千变万化，显得新颖独特。材质也从最初的纯棉发展到了如今的轻柔细腻的丝质材料，搭配男士衬衫、领带、西装，可以彰显出男性的个性和气质，让佩戴者的魅力瞬间提升。

（四）眼镜

在这个讲究个性的时代，很多配饰都能起到画龙点睛的效果，眼镜也是彰显个性的一环，甚至连近视眼镜都不能免俗，不再仅仅是读书写字、矫正视力的工具，而是一种时尚的象征，是男士彰显个性、美化形象、增添时尚魅力的必备配饰。戴上一副眼镜，无论是镜框的材质、镜框的形状，还是整个眼镜的设计，都能完美衬托出男人的气质，展现男人的魅力，还能修饰面部的轮廓，让人觉得时尚。

（五）围巾

男性的围巾大多用于保暖和防寒，并具有衣领的装饰、点缀作用。在日常生活中，也有一些人会选择用围巾来保持外套领口处的清洁，因为与厚重的外套相比，围巾显然是更容易清洗的。在很多大型的集会、体育比赛中，围巾也是经常使用的，往往可以用其展示团队精神。例如，很多运动赛事，尤其是足球赛，经常会有球迷带着有象征意义的围巾，在赛场上挥舞着并高喊口号，为自己支持的队伍呐喊助威。而在一些少数民族，送丝巾还具有特别的含义。

（六）钱包

钱包是一个男人必不可少的东西，它不仅具有实用功能，更是一个男人的身份和地位的标志，一只好的钱包应该选择上乘的用料，在制作的时候应该追求精细性，这样往往就能彰显出一个男人的品位。

一般情况下，男性的钱包还能与整体衣服相匹配。在正式场合，男士可以选择带有花纹的钱包，如果在四角上镶嵌金属，往往可以显示出男人的高贵气质；而与牛仔裤和运动鞋搭配时，选择一个带有休闲风格的钱包将会更好。

（七）手表

一个男人的手腕上，不能没有手表，那是他的品位和地位的象征。其实，手表除了具有看时间的功能之外，还成为身份、地位和品位的标志。

现代时尚男性在选择手表时，除了考虑功能性、实用性之外，手表的外观设计与保值功能也是推动其购买的动力。商务男士的正装，应该佩戴用金属材料打造的手表，体现简约而又干练的特点；而充满活力、动感的运动型腕表，则是喜欢运动人士的第一选择，可以将其与休闲服装相搭配。

第三节 男装系列产品设计搭配

一、西装系列设计搭配

在男装中，如果要想突显出礼节，最佳的选择是礼服，而西装是第二位。西装是在欧洲首次出现的，在清代末期被引入到我国，并在国际上流行起来。在当今社会，西装已经是日常服装、公务员服装的主要形态。由于服装具有广泛性和适应性的特点，且在穿着场合、穿着时间、穿着对象、穿着目的等方面没有严格的区分，因而被认为是应用较为广泛的服装。因为男士的正装或正装的基本款式都是有限制的，因此，设计者要根据潮流的不同而有所改变，从而设计出一些不同的风格。

（一）日常服

西装日常服分为工作服和外出服，是男性在上班或外出时穿的服装。

工作服是一种很实用的服装，可以满足人们日常的办公需要。一般款式为西装的基本形式，由上衣、马甲和裤子组成。造型的基本特点：单排扣套装上衣是单排两粒扣，八字领，圆摆，左胸有手巾袋，前衣身下摆两侧设有夹袋盖的双嵌线衣袋，后身设有开衩，袖衩有三粒装饰扣；马甲是V形领线，前襟有五粒或六粒纽扣，衣身上有四个对称的小口袋；裤子是非翻脚或翻脚裤，侧斜插袋，后裤片臀部左右各有一个单嵌线或双嵌线口袋，只在左边袋口上设有一粒纽扣。也有双排扣套装，兼有趣味性与实用性的休闲服装和束腰带，并有贴袋口的轻便套装等。

外出服泛指一般外出穿用的服装。当今，正规套装也重新演绎服装的舒适性能，可考虑富有轻快感的外出服，或上下装分开的两件套样式，或改变上衣与裤子颜色的穿法，适合于大都市的气氛。服装潮流是上衣与裤子以裁剪修长及合身为标准，原料以天然质料的羊毛、羊绒为主，面料织纹较密但质感轻巧保暖性强，新的形象体现在服装细部柔软拘谨的肩部上的设计，使服装构造颇具轻巧感觉。其造型的基本特点：单排两粒或三粒扣、八字领，双排四粒或六粒扣、戗驳领或半戗驳领，夹袋盖或双嵌线口袋，后开衩可变化为中开衩、明衩、侧开衩和无开衩的设计，袖衩的装饰扣可是一粒至四粒的设计。以简洁修长的线条，表现现代男士风度翩翩的特质。

现代西装在设计的时候也融入一些休闲的元素，再现男人特有的刚劲和个性。在传统的黑白灰搭配下，男装设计中还可以融入一些其他的色彩，如深蓝、中蓝、深紫、浅紫、象牙白等多种色彩，这样就可以为朴素的套装增添一种明快、华丽的感觉。

（二）运动西装

运动西装的基本形态通常包括外套和长裤，既富有趣味性又非常实用。它的外形特征是以成套的方式出现的。上衣为单排三颗纽扣，领口呈八字形，左边胸口有一种几何形状的纹章，前面的衣服两边都有一个透明的口袋，明线是它的主要特征。色彩以深蓝为主，但一般纯度比较高，可与轻薄条格裤搭配，在进行布料选用的时候可以选择松软的羊毛。为了增添运动的氛围，大多数纽扣都是金属的，而在袖衩处，则有两个装饰性的扣子。这是一套运动西装的基本款式，它的局部变化可以和普通的西装一样，但是更注重突显穿着者亲切、愉悦和自然的情趣。

（三）休闲西装

休闲西装的基本款式与运动西装相似，但肩膀更宽一点，胸部以及袖口的尺寸也会更宽松，可以说是体型上的改变。就传统的个性而言，休闲西装是男士打高尔夫、打网球、钓鱼、骑马、郊游等休闲活动时的主要穿着，如今也可以作为其日常工作、外出等日常活动的选择。休闲西装是最具表现力的一种，从布料到风格，从颜色到搭配，都能根据目标需求和个人特点进行设计。在实际工作中，休闲西装既是一种实用的办公服装，也是一种彰显个人气质和休闲品位的服装。

二、男装衬衫系列设计搭配

衬衫是男士的必需品，主要可以将其分为两类：一种是作正装的衬衫，另一种是日常的衬衫。

与礼服相搭配的衬衫一般是白衬衫，也有一些纯色的衬衫。穿晚礼服时，一定要搭配白色的衬衫。前襟有褶皱或波浪褶皱的平领衬衫，常常与塔士多礼服、黑色套装搭配使用。西装与衬衫在进行穿搭的时候，衬衫的下摆要放在裤腰里，整理好后，衬衫的领口要高于外衣领口 2 cm，袖长要比外衣的袖长多 1 cm~1.5 cm。

礼服衬衫造型为：衣身合体，略有腰线，尺寸十分贴切，由领座和领面构成的双翼领，前襟有六粒由珍珠或贵金属制成的纽扣，袖头采用双层翻折结构并由双面链式扣系合。

日常衬衫造型为：由领座和领面构成的企领，肩部有育克，前襟是明搭门六粒纽扣，左胸有一贴袋，衣摆呈前短后长的圆形摆，后身设有育克线固定与前门襟对应的明褶，袖头克夫为圆角并连接剑形明袖衩。颜色依流行而变化。面料设计依季节可选择薄的毛织物、化纤混纺织物、全棉织物等。

三、男装马甲系列设计搭配

马甲分为礼服马甲、西装马甲、休闲马甲等。

礼服马甲一般与正装搭配，是一种正式的象征，穿着马甲可以适应各种仪式的需要。在不同的场合，要穿着不同的马甲，并且这种马甲与其他服装的制式是不能互换的。

西装马甲是配合便服西装穿用的，这种马甲在较为正式场合不宜与其他礼服搭配穿着。它可以作为户外休闲时穿用，可采用不同色调的搭配，也可以由毛线马甲代替。

另外，还有休闲马甲，最初是垂钓者穿着的一种马甲。这类马甲具有多口袋的特点，携物方便而且容量大，后来被广泛作为户外公务或旅游活动的服装。

四、男装外套系列设计搭配

外套一般是指长大衣、派克大衣、中长外套和风衣等各种外出服。这类服装具有较强的实用性，也是人们从室内到户外的替换服装。它们是根据季节的变化，选择不同厚薄的面料来设计制作的。防寒性的外套，多选择厚实的毛织物，如驼毛、羊毛、人造纤维混纺、交织的毛呢、法兰绒、灯芯绒面料等；防雨性的外套，则选择有涂层处理的面料或熔喷法制作的非织造布等。

在造型上，外套的廓形以较宽松的箱体造型为主，而礼仪性较强的外套则采用略收腰的 X 型。虽然廓形变化不多，但外套在局部与细节的设计上却是丰富多彩，如通常口袋的变化有贴袋、嵌线袋和袋盖袋三种。一般贴袋用于休闲装，讲究的嵌线袋用于职业装，袋盖袋可用于实用装和便装。外套在穿用组合形式上都较为灵活，可设计多种搭配方式和多种不同的内外组合，如保暖型

“达夫尔外套”可与毛衣、围巾、休闲裤或牛仔裤搭配，防雨、轻便的风衣外套也可与T恤、衬衫搭配等。

五、男装夹克系列设计搭配

夹克是一种前开襟宽松式的短外套，通常具有衣长至腰部或臀部，衣摆和袖口收紧，领型为翻领或立领，双层带拉链的衣襟以及口袋较多的基本结构形式。夹克有着较强的实用性、功能性、运动性和舒适性的特点，是非礼节性、多种场合都能穿用的日常生活服装。

夹克是最大众化的服装，因为有宽松、舒适的特性受到不同年龄、不同性别、不同职业的男性普遍喜爱。夹克的用材一般不受限制，可选用多种面料设计与制作。作为大众化的服装设计应根据流行和季节加以考虑，面料可根据服装档次的不同，选用坚固呢、精纺呢、松结构混纺呢料涂层材料、皮革、人造织物、棉织物、化纤混纺织物和罗纹针织物等。色彩也可依流行和服装的印象来设计搭配，表现一种时尚的色彩印象，一般不受传统礼仪的束缚。与夹克相配的有毛衫、T恤、格子衬衫、休闲西裤、牛仔裤和时髦的皮裤等，也可设计皮带、围巾、帽子等基本配饰以穿出不同的个性风采。夹克在造型风格上传达出自然随意、无拘无束、焕发着青春活力的感觉，高品质的夹克有着品位上的亲和力和独特个性的感染力。

第七章　男士西装与礼服纸样设计

在男装纸样设计中，西装纸样可以说是最具代表性、用途广、影响大、程式化强、技术含量最高的品种了。因此，采用西装的基本结构作为男装的基本纸样是具有广泛的意义和应用价值的。对于男装纸样的全面深入研究和设计，从西装开始自然是顺理成章的。正式礼服也属于西装。男士礼服分为第一礼服、正式礼服和日常礼服三个等级。第一礼服指特定礼仪和社交的公式化礼服。正式礼服是正式场合必须穿的礼服。日常礼服是在非正式场合或未指定情况下的准礼服，全天候使用是它的特点。

第一节　西装纸样设计

西装又称“西服”“洋装”，广义上指西式服装，是相对于“中式服装”而言的欧系服装，狭义上指西式上装或西式套装。西装原指男士穿着的用同一面料构成的套装，包括上衣、裤子和马甲，故称为三件套。① 西装的基本形制为：翻驳领；翻领驳头（分戗驳角和平驳角），在胸前空着一个三角区呈 V 形；前身有三只口袋，左上胸为手巾袋，左、右摆各有一只有盖挖袋、嵌线挖袋或贴线袋；下摆为圆角、方角或斜角等；有的开背衩两条或一条；袖口有真开衩和假开衩两种，并钉衩纽。

西装的主要特点是外观挺括、线条流畅、穿着舒适。西装通常是公司企业职员、政府机关公务人员在较为正式的场合着装的首选。西装之所以长盛不衰，很重要的原因是它拥有深厚的文化内涵，若配上领带或领结，则更显得高雅典朴、潇洒大方。

---

① 王先华．服装结构设计［M］．北京：北京理工大学出版社，2010：168.

一、西装概述

（一）西装的穿着起源

关于西装的起源说法众多，但较为著名的有两种说法。一种是说男士西装源于北欧南下的日耳曼民族服装，据说当时是西欧渔民穿的服装，他们终年与海洋为伴，在海里谋生，着装散领，少扣，捕起鱼来才会方便。它以人体活动和体形等特点的结构分离组合为原则，形成了以打褶（省）、分片、分体为主的服装缝制方法，并以此确立了流行至今的服装结构模式。① 另一种说法指男士西装源自英国王室的传统服装，是以同一面料成套搭配的三件套装，由上衣、背心和裤子组成。其在造型上延续了男士礼服的基本形式，属于日常服装中的正统装束，使用场合甚为广泛，并从欧洲流行至国际社会，成为世界指导性服装。西装通常是公司从业人员、政府机关从业人员在较为正式的场合着装的一个首选。西装的主要特点是外观挺括、线条流畅、穿着舒适。但在中国，人们多把有翻领、三个衣兜、衣长在臀围线以下的上衣称作“西装”。

（二）西装的演变

第一阶段的古典西装以立体几何结构观念裁割布片而缝制成衣。具有这一特征的最古老、最典型的西装存在于1670—1770年，这一时期最为典型的代表就是路易十四，路易十四时期的法国男装奠定了近代欧洲男装的基本造型。17世纪，欧洲人在服饰样式上取得了很大的进展，突破了文艺复兴时期的古典服装式样，形成了生动活泼、新奇怪诞、富丽堂皇、气势磅礴的“巴洛克风格”。第二阶段的西装叫作礼服西装，也叫“男装礼服”（frock coat），存在于1770—1870年。这一时期，女性服装开始固定了风格和标准，这种风格同时慢慢转向了男装设计，很多当时的设计师从女装的设计细节中提取灵感，经过两个世纪的演变，形成了我们今天熟知的男装礼服。第三阶段的西装叫作标准西装，经历了1870年至1920年的50年演变后，1920年至1970年的“袋型常服”演变为现代的标准西装的雏形。第四阶段的西装叫休闲西装，现代西装形成于19世纪中叶，与西装的发展史相结合，构成现代三件套西装的组成形式和许多穿着习惯。

---

① 闵悦．服装结构设计与应用・男装篇 第3版［M］．北京：北京理工大学出版社，2021：76.

（三）西装在中国的变革

西装在晚清时传入中国，来中国的外籍人员和出国经商、留学的中国人大多穿西装。

19 世纪 50 年代以前的西装并无固定式样，有的收腰，有的呈直筒型；有的左胸开袋，有的无袋。19 世纪 90 年代西装基本定型，并广泛流传于世界各国。

1919 年后，西装作为新文化的象征冲击传统的长袍马褂，中国西装业得以发展。

新中国成立以后，占服饰主导地位的一直是中山装。改革开放以后，随着人们思想的解放，市场经济的发展，以西装为代表的西方服饰以不可阻挡的力量再一次涌入中国，人们不再讨论它是否曾被什么阶级穿用过，不再理会它那说不清的象征和含义，欲与国际市场接轨的中国人似乎以一种挑战的心理来主动接受这种并不陌生但又感到新鲜的服饰文化。于是，一股“西装热”席卷了整个中华大地，中国人对西装表现出比西方人更高的热情，穿西装打领带渐渐成为一种时尚、一种品质。

20 世纪 40 年代，西装的特点是肩部略平宽，领子翻出较大，腰部宽松，下摆较小，胸部饱满，袖口和裤脚较小，较明显地夸张男性挺拔的线条美和独具的阳刚之气，充分地体现了男人本色。

20 世纪 50 年代前中期，西装趋向自然洒脱，但变化不明显。

20 世纪 60 年代中后期，西装普遍采用斜肩、宽腰身和小下摆。西装的领子和驳头都变得很小。这个时期的西装具有简洁而轻快的风格。

20 世纪 70 年代，西装又恢复到 40 年代以前的基本形态，即平肩掐腰，裤子流行喇叭裤（上小下大）。在 20 世纪 70 年代末期至 80 年代初期，西装又有了一些变化。主要表现为腰部较宽松，领子和驳头大小适中，裤子为直筒型，造型自然匀称。这时的西装的造型古朴典雅，并带有浪漫的色彩。

20 世纪 90 年代，西装由宽松过渡到合身，垫肩变薄、袖窿变小；西裤臀围变小，中裆减小，脚口变小，立裆变短，讲究轻、薄、挺、翘。在商务会议、谈判等严肃场合，穿着西裤可塑造男性成熟沉稳、干练可靠的气质。

如今，中国不断与国际接轨，西装发展也在不断进步，从西装在中国演变的过程可以看出中国的社会变迁，这也说明西装的出现和流行与时代发展息息相关。

二、西装的分类

西装主要有套装和单件西装两种，也可以分为单排扣或双排扣、单开衩或双开衩以及无衩等，还有两粒扣和三粒扣、戗驳领和平驳领的区别。尽管西装已经成为男装中的经典，但是它也有很多流行变化，不仅有种类之别、驳领宽窄之分，还有板型、色彩、面料等时尚因素的整合。

（一）按板型分类

西装按板型可以分为英式西装、意大利男士西装、法式西装、德式西装、美式西装、日式西装、中式西装。

1. 英式西装

英式西装产生于 19 世纪，一直延续到今天。由于它严谨科学的剪裁，在任何运动时都能保证服装的合体性。它属于贴身风格，突显人体的线条，垫肩较薄，甚至无垫肩，强调肩窄，但不有意加宽，微微收腰。口袋有盖，略微倾斜。传统西装的侧袋上还有一个小口袋，这种设计一般只有在定制中出现。单排扣的门襟上有 3 颗纽扣，驳头不是很宽，袖衩上有 4 颗纽扣。双排扣西装的造型严肃，一般有 4 颗或 6 颗纽扣。

休闲式的英式西装一般为单排扣，侧部为贴袋。皮革或者反毛皮制的口袋、袖口、扣袢等，驳头上有扣眼。① 面料一般采用较厚的毛呢。西裤不宽松，直身，传统的西裤有背带，可以调节。西装两侧侧缝开衩，便于手插入裤口袋，这也是引起视觉注意力的原因。面料通常以蓝色为主色调，英式西装可以是两件套或三件套，衬衫不加宽，脚口无翻折。英式西装适合所有体型的人群，但是不建议非常肥胖的人穿着。

2. 意大利男士西装

意大利男士西装拥有非常合理的裁剪，真正可以遮掩人体的缺陷和不足之处，即便是肥胖的体形看上去也会很合体。意大利男士西装与人体尺寸非常贴合，所以剪裁很复杂，通常采用较轻、较软的面料。意大利男士西装通常为单排扣，有 3 粒纽扣，后中开衩。双排扣的意大利男士西装通常也是贴身的，肩宽较窄，胸围放量较小，纽扣位置较高，肩部设计有意挑高，衣领驳头角度较尖，开袋带嵌线。

---

① 杜劲松．欧洲服装结构设计原理与方法［M］．上海：东华大学出版社，2013：90.

3. 法式西装

法式西装较适合中等身高的人体，所以外观上法式西装有意让身体显得修长。从比例上分析，法式西装衣长比意大利男士西装和英式西装短，臀围收紧，较贴体。单排扣的法式西装衣长一般较短，袖窿较圆，同时胸部较多的放量。双排扣的法式西装一般带有较宽的驳头，腰围线附近有纽扣。

雍容、优雅是法式西装的特点，在体现男士西装优雅的同时不失阳刚之气，包括较短的衣长、较贴身的风格、圆润的肩部、较窄的臀宽和夸大胸部造型等特点。法式西装运用了传统的剪裁和细腻的缝制，比英式西装更加贴身，双排扣西装的驳头较宽，腰围线上有一排纽扣。

4. 德式西装

德式西装的特点与英式、意大利男士西装相比，较为宽松，所以德式西装较为舒适。德式西装袖窿较深，衣袖裁剪简单，较为宽松。面料采用高档的毛料，手工缝制可以保证服装的造型。德式西装最主要的特点是做工精细，常采用现代化的缝制工艺和服装材料。根据定制袖口上的扣眼为手工缝制，也是区别其他高档服装的标志。

5. 美式西装

美式西装是美国版的西装，产生于19世纪末到20世纪初。美式西装款式宽松肥大，强调舒适、随意性，适合于休闲场合穿着，不适合严肃的场合穿着。后片衣服不开衩。美式西装又叫“布袋子”，一般不使用垫肩，肩线自然，与欧式西装相比，衣长更短，袖窿更加宽松，宽腰风格。驳头较窄，看上去线条更柔软，与其他风格的西装比较，特点不鲜明，整体突显休闲的特点。单排扣的门襟上有2颗或者3颗纽扣，口袋有袋盖，加宽肩缝宽度。双排扣西装的驳头很宽，在腰围线下有排纽扣，并且纽扣的间距加宽。美式西装简单的剪裁非常适合肥胖和宽大体形的男人，后背开衩或无衩，口袋略下垂，同时也能够保证运动等舒适性。

6. 日式西装

充分考虑到日本人的体型特点，有垫肩，上衣收腰，口袋平服，衣长较短，是非常合身的款型，穿着时人体的活动量较小。

7. 中式西装

主要根据中国人的衣着习惯，结合各国西装板型特点加以改造而来。中式西装的发展历史比较短，常见的西装就只有几种，与穿着西装历史悠久的国家还有一些差距。

（二）按纽扣的数量分类

按纽扣的数量分类，西装可分为一粒扣、两粒扣、三粒扣、四粒扣。

1. 一粒扣西装

一粒扣西装纽扣与上衣袋口处于同一水平线上，这种款式源于美国的绅士服，最初用于庆典和宴会等庄重场合，20世纪70年代较为流行，如今不多见。

2. 两粒扣西装

两粒扣西装分单排扣和双排扣。单排两粒扣西装最为经典，穿着普遍，成为男士西装的基本式样，并由纽扣位置的高低和驳领开头的变化而产生风格变化。双排两粒扣西装多为戗驳领，下摆方正，衣身较长，具有严谨、庄重的特点。

3. 三粒扣西装

三粒扣西装的特点是穿着时只扣中间一粒扣或上面两粒扣，风格庄重、优雅。

4. 四粒扣西装

四粒扣西装是传统款式，其特点是穿着时只扣中间两粒扣或上面三粒扣，风格庄重、优雅。

三、西装的常用材料与规格

（一）常用西装面料

常用西装面料主要有以下六种：纯羊毛精纺面料、纯羊毛粗纺面料、羊毛与涤纶混纺面料、羊毛与粘胶或棉混纺面料、涤纶与粘胶混纺面料、纯化纤仿毛面料等。西装的面料是决定西装档次的重要标志之一。

1. 纯羊毛精纺面料

100%的羊毛，大多质地较薄，呢面光滑，纹路清晰。光泽自然柔和，有漂光。身骨挺括，手感柔软而富有弹性。紧握呢料后松开，基本无皱折，即使有轻微折痕也可在很短的时间内消失。该面料属于西装面料中的上等面料，通常用于春、夏季西装。该面料的西装容易起球，不耐磨损，易被虫蛀，易发霉。

2. 纯羊毛粗纺面料

100%的羊毛，大多质地厚实，呢面丰满，色光柔和，漂光足。呢面和绒面类不露纹底。纹面类织纹清晰而丰富。手感温和，挺括而富有弹性。该面料属于西装面料中的上等面料，通常用于秋、冬季西装。该面料的西装容易起球，不耐磨损，易被虫蛀，易发霉。

3. 羊毛与涤纶混纺面料

阳光下表面有闪光点，缺乏纯羊毛面料的柔和感。毛涤面料挺括但有板硬感，并随涤纶含量的增加而明显突出。该面料弹性较纯毛面料要好，但手感不及纯毛和毛腈混纺面料。紧握呢料后松开，几乎无折痕。该面料属于比较常见的中档西装面料。

4. 羊毛与粘胶或棉混纺面料

光泽较暗淡。精纺类手感较疲软，粗纺类则手感松散。这类面料的弹性和挺括感不及纯羊毛、毛涤、毛腈混纺面料，但是价格比较低廉，维护简单，穿着也比较舒适。该面料属于比较常见的中档西装面料。

5. 涤纶与粘胶混纺面料

属于近年出现的西装面料，质地较薄，表面光滑有质感，易成型，不易皱，轻便潇洒，维护简单。其缺点是保暖性差，属于纯化纤面料，适用于春、夏季西装。在一些时尚品牌为年轻人设计的西装中常见，属于中档西装面料。

6. 纯化纤仿毛面料

这是传统以粘胶、人造毛纤维为原料的仿毛面料，光泽暗淡，手感疲软，缺乏挺括感。由于弹性较差，极易出现皱褶，且不易消退。从面料中抽出的纱线湿水后的强度比干态时有明显下降，这是鉴别粘胶类面料的有效方法。此外，这类面料浸湿后发硬变厚，属于西装面料中的低档产品。一般情况下，西装面料中羊毛的含量越高，面料的档次越高，纯羊毛的面料当然是最佳选择。近年来，随着化纤技术的不断进步和发展，纯羊毛的面料在一些领域也暴露出它的不足，如笨重、容易起球、不耐磨损等。

西装的品质除了与面料的选择有关外，还与选用的辅料和覆衬工艺有密切的关系。随着科学技术的进步和新型纺织材料的开发，现代西装制作所用的面料和辅料与以往相比也有很多变化。新风格西装不仅在毛料的选用上趋向更加轻薄和富有现代感，而且辅料的选用也有很多不同，如有纺粘合衬的底布比过去更加柔软、轻盈、有弹性。热熔胶的品种、涂层方式和后整理加工工艺等也都有很多改进。衬里的材料柔软滑爽，吸湿透气，抗静电性能更好。为了提高衬里的环保性能，对游离甲醛的含量和有毒、有害染料的使用等都有了更严格的标准，这些都使西装的品质得到进一步的提高，使西装穿着起来更加安全舒适。

（二）西装的色彩运用

随着纺织染整技术的进步和新型材料的不断出现以及人们审美心理的不断

发展，西装的色彩也丰富起来。各种色彩、肌理的西装为更多的选择和搭配提供了可能，也对穿着者提出了更高的要求。

中国人肤色偏黄，不宜选黄色、绿色和紫色的西装。深蓝色、深灰色、暖性色、中性色等色系更加适合中国人，时下流行的炭灰色（单色，质地细密）、炭褐色、深蓝色（单色或带素色斑点、条纹）和深橄榄色西装都是不错的选择。肤色较暗的男士也可以选择浅色系西装。面孔白皙的人可以选择炭色、浅蓝色、灰色以及褐色系等单一色或夹灰色条纹的西装。适合色彩鲜艳、色调丰富、强烈对比条纹西装的男士，本身的肤色和发色的色调对比就很强烈。有一点需要注意的是，虽然现在人们的接受力已经大大提高，但是橙红、苹果绿等戏剧性色彩的西装还是会给人离经叛道的印象，要慎重选择。

现代社会的工作和社交场合多种多样，仅根据不同的季节准备 3~4 套不同材料的西装已经无法满足需求。严格来讲，男士应该准备 5~7 套西装，其中包括浅蓝色、灰色、褐色和黑色系列以及正式和便装式样。

（三）西装的穿着法则

1. 衬衫的选择与穿着

与西装相配的衬衫有很多。衬衫的领子应是有座硬领，衣领的宽度应根据自身的脖子长短来选择。比如脖子较短的人不宜选用宽领衬衫；相反，脖子较长的人不宜选用窄领衬衫。领子必须平整而不外翘，领口不能太大，以能伸进两个手指为宜。袖子的长度以露出西装袖口 1 cm~2 cm 为标准。打领带之前应先扣好领口和袖口。

不论长袖衬衫还是短袖硬领衬衫都必须扎进西裤里面，短袖无座软领衬衫可不扎。如果在平时，长袖衬衫不与西装上装合穿时，衬衫领口的扣子可不扣，让其敞开，一般只能敞开一粒扣子，袖口可以挽起，一般只能按袖口宽度挽两次，绝对不能挽过肘部。如果与西装上衣合穿，或者虽不合穿、但要配戴领带时，则必须将衬衫的全部扣子都扣好，不能挽起衣袖，袖口也应扣好。

2. 领带的扎系

领带是穿着西装时很重要的装饰品。正式社交场合穿着西装必须佩戴领带。领带的选择十分重要，可以通过不同的领带发现人的个性：系短领带而结头又很宽大，表明他是一个自信很了解别人心事的人；系斜线条领带，说明他是个很有组织才能的人；如果领带结头打得过分紧贴，则表明此人有自卑感；一个性情温和的人，他的领带结头的大小和领带的宽窄是根据西装的翻领选择的。领带的结法很有讲究，方法不下十种。一般领带前面宽的一片应略长于后面窄的一片，领带以长及腰带为宜。领带应放入背心里面，不能露出领带尖。领带或领结应系正。

3. 西裤、裤带、鞋袜的选择

作为礼服的西装，西裤应与西装颜色、质地一样。西裤的腰部大小要适中，选择的方法是：将前面的扣子扣好，拉链锁上之后，一只手的五指并拢，如手掌能自由地插进，则大小合适；如能插进两手，则太大；如一只手掌都插不进，则太小。西裤裤兜用作插手，后裤袋右边用作放手帕，左边用于存放零钱或轻薄之物。裤腿管应盖在鞋面上，并使其后面略长一些，裤线应熨烫挺直。

西裤可配西裤带。西裤带以黑色为最好，裤带的宽度为 2. 5 cm～3 cm。裤带带头应是内藏式的，即扎好后带头不要显露在外，扎好后的带头长度应在 12 cm 左右。裤带扎好后，不应在裤带、裤鼻上扣挂钥匙等物品，特别是在不穿西装上衣的时候。穿西装一定要穿皮鞋，而不能穿凉鞋、球鞋和旅游鞋，皮鞋又以黑色系带皮鞋为上乘。

4. 西装上衣的穿着礼节

西装上衣必须合身，而一件西装是否合体，首先看领子，西装领应紧贴衬衫并低于衬衫 1 cm～2 cm。四周荡开是犯忌的，衣长应与手的虎口平，袖长和手腕平，胸围以穿一件厚羊毛衫感到松紧适中为宜，后背不能吊起，也就是说上衣的下摆线应与地面平行，给人以稳重可靠的感觉。总之，西装必须宽松适度、平整、挺括。

西装在不同的场合和季节应选择不同的穿着方式。一般重大礼节性场合，要穿深色西服套装，以示严肃、端庄、礼貌之意。上下班、娱乐、会友时，则以穿浅色、暗格、小花纹套装为宜。外出游览、参观等，可适当追求款式的新颖和色调的华美。双排扣的西装应全部扣好纽扣，但也可以不扣下面一颗，单排扣的上装可以不扣扣子或仅扣一颗风度扣。穿着西装坐下时，一般要把西装扣解开，以保持西装的挺括。

在正式场合三件套西装应避免用毛背心或毛衣代替西装背心。背心一般不扣最下面的一颗纽扣。西装背心应贴身体。西装上装的两个外袋一般不放东西，以免西装走形。内袋用于存放证件等物；背心的四个口袋用于存放贵重物品。西装上装左外侧衣袋专门用于插放装饰性手帕，手帕应插入口袋三分之二处。手帕的折叠方法有许多种，常见的折叠法有直角式、一点式、两点式、三点式、常青藤式、繁荣式等。西装的魅力在于对个人风格的塑造，可以表现穿着者的审美情趣和鉴赏水平。当然，原则并不代表一成不变，西装的穿法同样也有时尚变化。

四、西装的板型及应用

西装从造型上看有三种基本格式，即西服套装、运动西装和休闲西装；从结构上看有三种基本板型，即四开身、六开身和加腹省六开身。三种格式和三种板型没有对应关系，也就是说，每种格式可以选择任何一种板型，每种板型也可以选择任何一种格式，但面料的选定对板型略有影响。需要注意的是，对三种板型的造型特点和技术要求要有所了解，这样才能应用自如。

（一）西装三种板型的应用

两粒扣平驳领是西装的典型形式，但它的板型可以有三种选择。一是四开身为简易结构，适用于 H 型和粗纺面料的西装；二是六开身为常规结构，由于前侧省变成断缝，对 H、X 和 Y 型都适用，对面料的选择更宽泛；三是加腹省六开身为西装的理想结构，因为这种结构充分表现出了西装从整体到局部的完整统一，且造型细致入微，也是欧板造型的基础。故它多用在精纺面料的高档西装中，适用于 X、H、Y 和 O 型设计。三种板型模式在西装外观上，如果没有多年经验的专业人员是难以察觉的，这是因为三种板型在内部结构中有很强的关联性又存在微妙的差别，但在外观款式上几乎是一样的。下面采用两粒扣平驳领西服套装形式，对三种板型进行系统分析。

1. 四开身

四开身是三种板型的基本结构，可理解为西装的基本型。它集中地反映了西装类纸样的共性特点。首先在基本纸样（第三代升级版）后中线处向外追加 1 cm 的宽松量（在后续的设计中在前身还要减去相同甚至大于它的尺寸，造成前紧后松的功能效果），衣长以此为基础线追加长度，这是西装的标准长度，当然也可以根据流行和个人的爱好加以调整，但控制在 1 cm 为宜。后背缝收臀量大于收腰量是西装造型的一大特点。后侧缝的设定是以背宽线为依据的，因为背宽线正是后身向侧身转折的关键，也是塑形的最佳位置。前侧省位的设定，要稍向侧体靠拢，因为胸宽线虽也是前身向侧身转折的关键，但这个位置如出现结构线，容易破坏前身的完整性，故此结构线向侧体微移对塑形影响不大，同时，对前胸省、前侧省和后侧缝间的距离起到平衡作用，并有效保持前身的整体性。注意在前侧省的袖窿处要减去后中线追加的 1 cm，如果有紧胸考虑时，可以增加 1.5 cm~2 cm，当然收腰量也随着增加。从四开身结构收腰量的规律看是从后到前依次递减的，后背缝最大（5 cm），后侧缝其次（4 cm），前侧缝处在第三位（1.5 cm），胸腰省最小（1 cm）。这是西装为强调后背曲线、前胸挺括的造型需要而设计的。这种造型结构，不仅在西装中成为程式化的设计规律，而且在外套中也普遍应用。

当然采寸的多少还要根据流行的廓形和个人的爱好而定，但收腰量前后的比例关系大体不变。胸省的设计要根据不同规格的体型和造型需要进行，一般体型纸样都应设胸省，但最多不超过 1.5 cm。而腹围较大的规格可以小于 1 cm，甚至不设胸省，同时在必要的情况下还要配合增加撇胸量和腹省（肚省）的结构设计，即所谓欧板处理。在设胸省时，如选择了条格面料，省位必须与布丝顺直设计，以保证条格图案的完整性。胸袋（手巾袋）位置以胸围线为准，袋口尺寸依据大袋三分之二比例确定。侧大袋位置在腰围线以下取袖窿深的三分之一与胸宽延长线上的交点前移 1 cm（或 1.5 cm）为该袋的中点，袋口尺寸的标准规格在 14 cm~15 cm，约等于成品袖口的宽度。

2. 六开身

六开身是在四开身纸样的基础上将前侧省变成前侧断缝结构完成的，其他尺寸保持不变。唯下摆量分配要保持最大为后侧缝、其次为前侧缝、最小为后中缝的比例。如果强调 X 型，就可以在六开身结构的基础上进行收腰和增加下摆的处理。注意追加收腰量要在后侧缝和前侧缝两处平衡处理且不宜过大，收腰比例仍要保持从后到前依次递减态势；追加下摆量要在后侧缝、前侧缝和后中缝处平衡处理不宜过大，且要保持理想的配比关系。

3. 加腹省六开身

加腹省六开身的主要目的，是在保持六开身结构适应造型变化的基础上，更强调男装结构与造型关系的紧密性和内在的含蓄性，即男装“内功”的所在。具体地讲，通过腹省设计，使作用于前胸的菱形省变成剑形省而减少前身的 S 曲线（硬线设计），同时将前身通过作腹省使前摆收紧又保持了作用于腹部微妙的曲面（球面）造型。当然在加工工艺上增加了难度，巧妙的是它可以和嵌线口袋工艺合二为一，这也是高端西装板型的重要标志。设计方法是在六开身基础上将前菱形省变成剑形省，同时利用袋口线收省 1 cm，并作收缩下摆处理。

如果将加腹省六开身变成 Y 型，就可以在此基础上做加宽肩部、收缩下摆的纸样处理。不过 Y 型比 X 型在纸样处理上要复杂得多。通常情况下，有两种 Y 型纸样的处理方法。第一种是肩宽增幅大、厚度（侧片）增幅小的 Y 型，这种造型横宽明显，厚度较小。纸样处理一般采用前后片切开平移量大、侧片量小的方法，再将增幅的尺寸在前侧缝、后侧缝和后中缝的下摆处平衡减去。侧片的增幅使袖窿变宽，故要开深相应尺寸的袖窿使其平衡，袖子也作相应的纸样处理。第二种是肩宽增幅小、厚度（侧片）增幅大的 Y 型，这种造型横宽不明显，厚度较大。在纸样处理上，由于侧片增幅大，袖窿变形（变宽）也大，这时最好通过前、后片袖窿中段的横向剪切增幅相应尺寸还原效果更好。袖子也作同样纸样处理。

4. 加腹省六开身欧板处理

在加腹省六开身纸样中除了可以实现 H、X 和 Y 型的设计外，还有一种特别复杂的板型必须配合加腹省六开身结构实施设计，这就是欧板。它适用于腰围尺寸偏大的规格，体型特征是挺腹、弓背和溜肩，这种规格在欧洲国家成为西装主流造型，因此形成的板型叫“欧板”（我国挺腹体型也日益增多，欧板亦备受青睐）。其特点是，板型设计是在腹部增加必要的容量，前下摆要有良好的“收敛”处理。主要方法是通过标准加腹省六开身西装纸样的撇胸设计以改善腹部容量，后身纸样要与之配合，对背部结构加以弓背调整。一般情况，挺腹体型都会伴随着弓背和溜肩，前身的撇胸处理使前肩斜自然变大。因此，将后身背宽横线的位置切开，在弓背点打开一个张角，后肩斜也会相应增加，它的增量和前身撇胸量设计成正比。这仅是原则性的分析，具体操作要根据规格的体型划分，以确定对应规格的撇胸、弓背数值比例。

一套成品西装纸样设计，能否成为生产样板，最后还有一项不容忽视的工作，就是根据不同规格和服装的造型要求，对关键尺寸之间相关作用的理想指标进行复核，如果成品纸样和理想指标差距偏大，就要进行调整和修改。

（二）西装的纸样设计

西装在内在结构上可以选择三种板型的任何一个，其中加腹省六开身也是最常用的板型。平驳领三粒扣贴袋是典型款式，由此造成驳点的升高，根据领底线曲度设计的关系式，翻领倒伏量会有所增加，但领型外部尺寸配比关系不变。口袋均采用大比例贴袋形式（比标准口袋大 2 cm），这是常用的一种设计格式。这种设计格式的确立，是因为有采用粗纺面料和明线工艺的传统。比如运动西装的金属纽扣是它的重要标志，在胸贴袋上覆加团体或俱乐部组织的徽章。在一般运动西装中也常采用流行和时代主题的标志来强调日常装中的娱乐性。其主体结构可以采用四开身和加腹省六开身的欧板。双排戗驳领四粒扣也是运动西装的经典样式。

也有一些西装的应用范围主要在户外或某种高规格的休闲场合，因此，在三粒扣六开身板型的基础上又增加了一些实用性的功能设计。这些所谓的“功能元素”只不过是历史的文化符号和绅士的标签，它们存在的一切形式都是按一定的规则安排的，因此更加适合用在偏向休闲的西装上，而用在礼服西装上则显得不合适。

综观西装纸样设计全过程和应用状况，无论是西服套装、运动西装，还是休闲西装，它们的基本结构形式是单排两粒扣或三粒扣，四开身、六开身或加腹省六开身。在局部变化中较为灵活，如后开衩、两侧开衩或不开衩均可选择。然而，这些变化仍然没有脱离西装的基本范式。如西服套装和休闲类西装的胸袋只能设在左胸上，因为它的功能在这类男装中只作为插装饰巾用。两个胸袋同时出现，只在猎装中才可能有，这是由其实用目的所决定的。因此，男装设计主要看是以礼节为主还是以实用为主，以此来确定它的结构和局部设计。一般来讲，实用的目的性越明显，其可变的因素就越大；礼节性越强的，其设计的程式化要求就越高。在男装中程式化决定设计的因素要更大一些，这在礼服设计中显得尤为突出。

第二节　礼服型上装纸样设计

男士礼服作为礼仪的标志，不同于女装，在礼节规范和形式上，具有很强的规定性。在文明程度较高的国家和地区，是以它作为“行为礼仪规范”启蒙教育的必修课程。根据 TPO（Time、Place、Occasion）的国际惯例，礼服可划分出第一礼服、正式礼服和日常礼服的等级。第一礼服几乎成为特定礼仪和社交的公式化装束，它在搭配组合上有严格的规定。正式礼服是正式场合必须穿着的礼服，通常它采用第一礼服略装的形式，因此，在运用配饰的组合上也是很严格的。日常礼服是在非正式的场合或未指定情况下可选择的礼服，它在形式上也有明显的特征。黑色套装就是日常礼服的最高形式。

一、燕尾服

燕尾服也称晚礼服，是下午六点以后穿着的高级礼服，这是正式的仪式或典礼上穿用的礼服。此外，在古典音乐演奏会上，演奏家、歌唱家和指挥也穿这种礼服。燕尾服前衣长较短至腰部与三角形门襟组合。后衣长由前侧胸腰省处向后至膝部，后中缝开衩至腰围线，形似燕尾。中腰部断缝，后身的刀背缝结构与腰围线的交点用装饰扣覆盖，后中缝在腰围线位置构成阶梯状向下摆延伸为后开衩。穿用时不系纽扣，前身左、右各设三粒装饰扣。领型采用戗驳领或青果领，并用与衣身同色的缎面布料包覆。两片圆装袖有真或假两种袖开衩，钉三粒或四粒装饰扣。衣身整体廓形流畅合体，分割舒展自如。①

燕尾服最早出现于法国大革命时期，是上流社会男士的普遍装束，在1850年升格为晚间正式礼服。1854年，黑色燕尾服广泛流行。由于特殊礼仪规范的制约，燕尾服的结构形式、材料要求、配饰标准均很严格，故被看成公式化装束。

（一）结构与工艺

保持传统的裁剪设计，整体由燕身与燕尾两部分组成，交接处在腰线下2 cm位置，前身收装饰腰省并为燕尾开尾处；后身有刀背，后中开衩（明衩），后身强调合体结构。衣身整体结构紧凑，层次感强烈，是燕尾服中最具特色的造型结构设计。②

一般采用精纺毛织物、美丽绸或缎类织物，运用传统礼服制作工艺方法。内穿三粒扣礼服马甲，领结及手巾为白色，裤子侧缝嵌两根丝缎，皮鞋有皮花，另有手套、礼帽等饰物。有其固定的装配要求，优雅华贵，礼仪绅士，具有独特的艺术和人文情感。

（二）纸样分解

1. 面料衣片缝份

面料下摆折边4 cm，后中缝缝份2.5 cm，其余1 cm；翻领面里缝份1.5 cm，手巾袋对应衣身要求。其他应根据成衣要求进行设计。

2. 里料衣片缝份

可根据服装内部结构要求进行缝份加放处理，后身里料中缝2 cm，开衩处按成衣工艺不同要求进行里料配置。口袋布按要求及形状进行配置。

3. 制图要求

（1）腰部自原型腰围线向下2 cm起，由后向前滑至前衣长尖角部缝制断缝线。

（2）后开衩，由后腰围线下移2 cm为后开衩上端，并垂直作开衩处理。

（3）后身刀背缝设在胸围线上背宽的中点（或偏后点）到横背宽线与后袖窿的交点呈刀背形，其结构的收腰量为2 cm。

（4）前搭门较窄不锁扣眼。前门襟呈三角形，衣长以横背宽线至后领口中点的距离确定前衣长，由前衣角至侧腰呈内弧形。由衣角至胸腰省间设三粒装饰扣。侧摆结构在胸腰省至刀背缝之间，延伸至后中线，由上至下端呈燕尾形

---

① 刘凤霞，韩滨颖．现代男装纸样设计原理与打板［M］．北京：中国纺织出版社，2014：148.

② 戴孝林．男装结构设计与纸样工艺［M］．上海：东华大学出版社，2019：158.

状。在腰部与上身侧缝对应的位置设 1. 3 cm 的侧臀省。

二、晨礼服

晨礼服是一种与燕尾服级别一样的男士礼服，它起源于 1876 年，流行于 1898 年，是英国绅士们在赛马时所穿的服装。第一次世界大战之后，晨礼服被提升为白天的正装，但现在它已经成为公共场合的主要礼仪服装，包括参加国家级别的授勋仪式、政府就职典礼，在白天举行的大型古典音乐的指挥也要穿着晨礼服。

与燕尾服的剪裁不同，晨礼服的前胸是斜着向下剪成大圆摆，后面也开衩，领子是镶驳领或者八字领，前腰有一颗可以打结的纽扣。与晨礼服相匹配的是内穿双排六粒扣戗驳领或青果领，四个对称口袋的礼服背心，下身则穿用灰色与黑色的条纹料非翻脚的裤子，内衣有时穿胸前不用硬衬而是做出褶裥，以宝石扣为华贵，其次是珍珠扣和金扣的白色衬衫。配银灰色或黑色的长领带，丧礼时一律配黑色领带，婚礼时用红色或其他颜色。①

（一）结构与工艺

晨礼服的结构是前胸有一颗纽扣，前下摆和后摆是一个整体到后膝关节处呈一个圆形，后面的结构和燕尾服是一样的：领子是镶驳领或者八字领，布料是黑色或者银灰色礼服呢。里面穿白色背心，单排五颗纽扣或双排六颗纽扣，系白色或有条纹的领带或领巾，手帕是白色的，裤子是灰色条纹布料，还有帽子、手套等配饰。

采用礼服呢、驼丝锦、质地紧密的精纺毛织物。灰色、黑灰条相间西裤，设侧章。采用精做礼服工艺。

（二）纸样分解

1. 面料衣片缝份

晨礼服下身大斜摆和上身腰部形成断缝，在腰部与上衣对应部位处做 1. 3 cm 的腹省。

2. 里料衣片的缝合

根据服装的内部构造要求进行缝合和调整，后身里料中缝 2 cm，开襟部分按照不同的制衣工艺要求进行缝合。根据需要和外形来设计口袋布。

---

① 金少军，刘忠艳．最新服装工业制版原理与应用［M］．武汉：湖北科学技术出版社，2010：256.

三、塔士多礼服

塔士多礼服最早是在1886年问世的。美国纽约有一个叫作Tuxedo（塔士多）的地方，在宴会上男人们所穿的一种没有燕尾的新型礼服被叫作塔士多礼服。塔士多礼服在春、秋、冬三季以黑色或深蓝色为主要颜色；夏天的时候上衣多为白色的，叫作夏季塔士多礼服。

（一）结构与工艺

戗驳领塔士多礼服和青果领塔士多礼服是塔士多礼服基本构成的两种形式。整体结构同普通西服相似，驳领深度稍低，腰线与口袋之间有一粒纽扣，双嵌线口袋，有腰腹省，六开身结构设计，领型采用驳领类青果领造型，缎面材料。戗驳领塔士多礼服是套装礼服，有一粒纽扣，标准样式是双嵌线口袋，其驳领、口袋的双嵌线和裤子的侧面装饰都是同样颜色的绢丝面料，为五缝结构。青果领是塔士多礼服的特色，燕尾服、其他礼服甚至是休闲服都是以此为基础。青果领塔士多礼服的整体构造和普通的戗驳领塔士多礼服差不多，唯一不同的是青果领是由一种无缝的结构组成，再加上一种独特的缝合手法和左右挂面连裁的工艺，形成了塔士多礼服独特的风格。

一般采用精纺毛织物、美丽绸或缎类织物，运用传统精做礼服工艺方法。

（二）纸样分解

1. 面料衣片缝份

塔士多礼服下摆类似背心的结构，衣长大幅度缩短，但主体结构的宽松量比常规西装要少，一般不在后中线处追加1 cm，其宽松量和第一礼服相同。这种礼服通常不系扣子，因此前襟不设搭扣，并将扣搭门缩小，在前胸至前尖角衣摆之间设三粒装饰扣。

2. 里料衣片缝份

根据服装内部结构要求进行缝份加放处理，后身里料中缝2cm，口袋布按要求及形状进行配置。

四、半正式晨礼服

半正式晨礼服最经典的款式是董事套装。董事套装是上流社会把晨礼服职业化和大众化的产物，而非专门为董事会成员设计的礼服，是替代晨礼服的存在。

（一）结构与工艺

上衣的样式和塔士多礼服一样，都是戗驳领、一粒纽扣、单门襟、双嵌线加盖口袋。不同之处在于戗驳领和双嵌线不需要用丝绸布料包裹，这是为了区分两种礼服在时间上的标志；口袋有没有带盖，一般来说前者主要是在室外活动，而后者主要是在室内。因此在正式服装中，董事套装和塔士多礼服在身份上是同等的，而时间上有区别。按照传统的晨礼服习俗和基本的功能需求，董事套装仅仅是将晨礼服的外衣改为与塔式多礼服相似的外衣，而配饰仍保留着晨礼服的基本样式和习惯。董事套装的剪裁设计与晚礼服、晨礼服等不同，与黑色套装、三件套装属于同一系，也就是套装架构体系。套服是在三缝式的传统结构上逐渐改进而成如今常礼服的五缝式结构，它是由左右的前侧缝、后侧缝和一条后中缝组成，这就是六开身结构。这种结构最理想的形态是在前片的开衣处加腹省，使得前身的造型更具立体感。

一般采用精纺毛织物、礼服呢、驼丝锦等质地紧密的精纺毛织物。领面采用美丽绸或缎类织物，运用传统精做礼服工艺方法。

（二）纸样分解

1. 面料衣片缝份

（1）确定衣长：经过原型后颈中点作上平线，与原型前中心线、后中心线垂直，在原型背中线延长线求出衣长，画出下平线。

（2）确定新背中线：在背中线与下平线的交点处，内量 2. 5 cm～3. 5 cm，与横背宽线、后颈中点连接，并向里凹 1 cm，将新背中线连顺。

（3）确定后片侧缝线：延长原型背宽线至下平线，后片收腰 1. 5 cm，连接分界点、收腰处和背宽线与下平线的交点，求出后片侧缝线。

2. 里料衣片缝份

可按照服装的要求进行缝合和调整，后身里料中缝 2 cm，开衩处的衬里按照不同的裁剪工艺要求进行配置。根据需要和外形来设计口袋布。

五、全天候常礼服

一种典型的全天候常礼服是黑色套装。在礼仪性较明显的场合，包括正式场合，如果没有对服装作特别的要求，作为一种保险的考虑，穿黑色套装最合适。这是现代男士对社交装束的新观念，因为这种装束不受礼仪、时间、场所和等级的限制，可广泛穿用，搭配组合也可根据爱好设计。因此，成为现代社交场合较为普遍的男士装束。

（一）结构与工艺

黑色套装的剪裁设计与塔士多礼服、董事套装同属于套装体系，是六开身或加省六开身体裁。黑色套装的双排扣是其最具代表性的特点，也是其他礼服、套装所模仿的依据。与黑色双排扣套装相比，其灵活性更强，因此被世界承认为“国际服”，和黑色双排扣套装都可作为正式礼服。然而，礼服毕竟不同于便装，出于某种礼节，黑色套装在形式上还是有一定规范的。黑色系成为它的颜色基础，因为在传统上黑色是男士礼服的专用色，而深棕色、深红色等深色系不在其中，这是男士礼服中所忌讳的，特别是在葬礼和告别仪式上。配饰的颜色也要避免使用华丽的色彩。因此，黑色套装的叫法几乎成为礼服的代名词，它的内涵就是深沉而高雅的套装。

在面料和工艺上，黑色套装和塔士多礼服有所不同，在相同款式的前提下即双排扣戗驳领，塔士多的驳领部分和口袋的双嵌线要用绢丝缎面料包覆加工，这是塔士多礼服的重要特征，黑色套装在驳领部分和口袋的双嵌线均使用同衣身相同的材料，这也是双排扣黑色套装最突出的地方。一般采用精纺毛织物、美丽绸或缎类织物，运用传统精做礼服工艺方法。在使用黑色套装的同一场合里，也可以用黑色三件套代替。

（二）纸样分解

1. 面料衣片缝份

两侧大袋采用双开线结构，每条开线宽为 0.5 cm，双搭门量的设计为 6.5 cm，原翻领的开领深度也在双开线袋上下浮动。翻领宽和领面后中宽相似。领面后中心宽大于领座 0.8 cm~1 cm。

2. 里料衣片缝份

根据服装的内部构造要求进行缝合和调整，后身里料中缝 2 cm，开襟部分的里料按照不同的制衣工艺要求进行配置。根据需要和外形来选择口袋布。

归纳起来，可以总结出礼服在礼节程序中的基本形态元素：礼服的面料主要颜色是深色的精纺纤维，如黑色等；穿着非翻脚型裤子；多选择双翼领衬衫，比企领衬衫更加华贵且传统；在正式的场合多是系领结，而且可以搭配晚礼服，塔士多礼服搭配黑领结，燕尾服搭配白领结；礼服领型一般为戗驳领，缎面的青果领显得礼服更加华贵适用于晚礼服；双嵌线型的礼服口袋比有袋帽的口袋更显庄重；除第一礼服外的礼服后面开衩样式可以随意挑选；四颗长袖装饰纽扣比三颗更庄重。

第八章 男士马甲与衬衫纸样设计

马甲是一种与西装相搭配的服装，通常分为普通马甲和礼服马甲。随着男士服装的休闲化，男士马甲也呈现出各式各样的休闲化形态，反映了当代男士服饰的多元化。标准的男式衬衫是19世纪中期定型的，它是为了与西装搭配而诞生的，它的外形简洁，没有任何装饰，高耸的衣领翻折下来，这就是当今衬衫的特色。当今的衬衫品种多种多样，其样式的改变与当今社会经济文化的状况密不可分，而衬衫的穿着方式也受到时尚潮流的影响，反映了现代的审美情趣。

第一节 马甲纸样设计

马甲是一种古老的服饰，当人类穿上兽皮、露出四肢的时候，马甲就已经迈出了发展过程的第一步。马甲是一种没有领子和袖子并且短小的上衣，还可叫作坎肩、背子或半臂等。它的作用是使前胸和后胸部位保持一定的温度，方便双手的运动。马甲按照材料和用途分为很多种，因为西装马甲是最常见的款式，在流行词汇中，马甲就是指西装马甲。马甲大部分都是按照西方的标准来设计的。

一、马甲的穿着起源及演变

西装马甲是16世纪欧洲流行的一种无领无袖的上衣，衣摆两边都有开口，长及膝盖，面料多为绸缎，上面有刺绣装饰，穿在外套和衬衫中间。

不论在国内还是国外，背心的主要作用是使前胸和后胸部位保暖，方便双手的活动，可穿在外套里面，也能套在内衣外面。今天，马甲在原来的作用和含义上已有了更多的变化。不同款式、不同长度、不同面料和不同的配饰使马甲有了更多的新形式。近年来，男士马甲已成为时尚潮流的一大亮点，而男士马甲自身也在悄然改变，无形中呈现出一种百花齐放的景象。

（一）我国马甲的演变

我国的马甲起源于汉朝。汉末刘熙在《释名·释衣服》中称：“裆，其一当胸，其一当背也。”裆者即马甲，王先谦的《释名疏证补》说：“唐宋时之半背，如今谓之马甲。当背当心，亦两当义也。”徐珂的《清稗类钞·服饰类》也说：“半臂，汉时名绣裙，即今之坎肩也，又名马甲。”由此可见，至少在2000年前的汉朝马甲就面世了。我国历代关于马甲的趣闻逸事有很多。隋朝时，内官衣服多为长袖，李渊把衣物上的袖子去掉称为半臂，就是如今的马甲。江南地区之间多称为绰子，文人开始竞相模仿穿戴。北宋文人苏轼也是一个喜欢穿马甲的人，他被发配到海南岛后回到常州的路上就穿着马甲。清朝有一种名为“巴图鲁坎肩”的“军机坎”，“巴图鲁”在满文中意为勇士。这种马甲做工考究，四面镶边，胸口扣子一字排开，又叫“一字襟”或“十三太保”。这种马甲是朝廷重臣才能穿的。到了后来，这种马甲就变成了正式的礼服，一般官员也能穿。清朝早期、中期为各部司员见堂官的服装，后至清末，便在社会上广为流传起来，成为男子喜爱的服饰。

（二）西方马甲的演变

西方马甲的原型是一种有袖子并且比内衣更长的衣服，英国查理二世于1666年10月7日把马甲定为皇室装扮。从政治层面来说，它是为对抗法国文化对英国的影响，通过穿着朴素的衣服来抵抗奢侈的凡尔赛风格。当时的马甲是用黑色布料和白色的丝质布料经过简单剪裁而成的。从国王开始，马甲逐渐流行开来。

西装马甲是16世纪欧洲流行的一种无袖无领上衣，衣摆的两边都有开口，最初的长度到膝盖。18世纪末，西装马甲的长度逐渐减少到腰部，并发展到与套装搭配。经典的马甲、领结、礼服、腰封搭配一直流传到今天。

现在的西装马甲大多是单排扣子，也有一些是双排扣或有衣领的。它的特征是前衣片和西服布料一样，后衣片是西装的内里布料，后背上还有腰带，可以调整松紧度。20世纪初期，英国爱德华七世制定了一套男士正装的标准，三件式的西服套装被确定下来，于是西装马甲就成了男士最常用且正式的服装之一。

二、马甲的分类及常用材料

（一）马甲的分类与特点

男士马甲的类型分为西装马甲、礼服马甲、休闲马甲等。马甲样式有单双排扣两种。五个纽扣的单排马甲是三件套的标准马甲，其面料与上衣、裤子一样。后片用里子绸，单独穿戴时可以用带花纹的丝绸等布料缝成。后腰有一条可以系紧的腰带，如果选择的布料是白色可以和燕尾服搭配。单排六扣的马甲与单排五扣的马甲样式几乎一模一样，唯一不同的是在胸口位置多了一颗装饰纽扣。

1. 西装马甲

西装马甲一般都是和西装、运动西装搭配，所以分为三件套马甲和运动马甲两种。三件套马甲是一种和西装、西裤一样材质和颜色的配套服装，有五粒扣和六粒扣的区别，五粒扣比较流行被称为现代版本；六粒纽扣的马甲比较传统，也就是所谓的传统版本。其基本构成都是普通马甲，主要板型没有太大改变。运动马甲的整体构造只是稍稍调整了一下后身衣长度，前半部分的腰部做成断缝形式，变成上下两片结构。

2. 礼服马甲

礼服马甲的作用从普通马甲护胸、护腰、防寒逐步演变为主要的装饰和礼节作用。所以，在纸样构图上多侧重于腰部的处理，甚至完全成为一种特殊的腰身构造。礼服马甲整体纸样与普通马甲在放松程度上是一样的，在纸样加工方面可以在六粒扣式马甲的基础上调整衣襟深度与前襟形状。现代的燕尾服马甲通常是简单的马甲造型，它的结构设计是将背部的大部分剔除，并简化成与前身相连接的束带造型。晨礼服马甲由于是在日间的正式场合穿着，其结构设计的特色是更具实用性。纸样设计仍然是以六粒扣马甲为基础，衣长及袖口构造与普通马甲类似。现在也流行一种简单的六扣八字领马甲。

3. 休闲马甲

休闲马甲是与休闲服装搭配使用的一种便装马甲。其着装风格随性，可在户外休闲、旅游等场合搭配衬衣或针织衫。它的样式和形状设计灵活，可以采用贴袋工艺，前面的开口处也可以用拉链，布料的选择范围很广，可以选择的材料有天鹅绒、灯芯绒、合成革、皮革等。

（二）马甲的常用材料

除了与正装一样的布料，马甲还可以使用棉、混纺、化纤、毛纺、合成皮革、皮革等不同材质，也可以根据不同的材质任意组合制成各种马甲。马甲最初是用来保暖的，但到18世纪时，这种简单的样式已经被人遗忘，而马甲上装饰了许多奢侈的布料和铜纽扣，马甲的材质也很花哨，条纹、圆点和花朵图案都很受欢迎。到20世纪初，由于集中供热系统的出现、套头针织衫的普及以及士兵衣服数量有限等原因，使得马甲的流行进入了低迷时期。

时至今日，马甲的材质越来越丰富，在保证实用性的同时，人们也在不断地提升它的触感和质感。现在领结已经不与锦缎驳领套装相配，领口敞开的衬衫不会破坏三件套的和谐；把格子衬衫和牛仔布马甲穿在西装内，打破了传统的西装马甲材质与外套相配的原则。在颜色的选择上，西装马甲突破了原有的低调搭配。可爱的粉红格子马甲和长裤搭配带有强烈的乡村气息。从外观上看，马甲是一种很复古的样式，用天鹅绒、锦缎等多种材质可以展现巴洛克时期的宫廷风格，而金属片的点缀则能给人一种充满现代气息的感觉。

三、西装马甲的特点及衣身设计方法

（一）西装马甲特点

在男士套装中，西装马甲是三件套中最基础的组合要素，它具有独特的款式，因此无论在哪个年代它都很受欢迎。西装马甲是一种与西装搭配的马甲，它的款式比较稳定，款式大多是V字领口、五粒或六粒明纽扣、四开袋、收腰省、前衣布料用西装布料、后衣布料用西装里子面料。根据功能需求，前衣下部设计一条横向的断开线，并在这里设置带盖口袋。

西装马甲有单排扣西装马甲和双排扣西装马甲两种之分。单排扣西装马甲大多数是V字领型，尖角形的下摆，前中心开口，前门襟多为五粒扣子，两个胸袋、两个腰袋，这是西装马甲的标准款式。但也有制作一个胸袋、两个腰袋的，或者是只制作两个腰袋的西装马甲。袋口可选择西装手巾袋的形式，也可选择单开线或双开线袋口的形式。双排扣西装马甲增大了前门襟的搭合量，一般为12 cm，前扣纵向两排，扣数最多为六个。领型有尖角型、V型领、O型领，也有配戗驳领、丝瓜领，多为平下摆，口袋多为西装手巾袋的形式。双排扣西装马甲的使用范围比单排扣西装马甲的要小一些。

（二）西装马甲衣身设计

1. 衣长

长度必须能够完全遮住裤腰，而且前面不能露在逐渐分开的西装前门襟外边。根据这个要求，皮带宽度的中心到下摆尖角的长度应控制在 7 cm~8 cm，后片衣长应超过皮带宽度 3 cm~4 cm。

2. 领口

后领适度地开宽，后领的宽度约为 1.5 cm，夹缝后领确保不会对衣领高度造成影响，前襟与胸围线相接。

3. 肩线

前后领窝沿肩斜方向横向加大 1 cm，后肩线宽度取剩余肩线，同时新的肩点位置下降 0.5 cm 以增加后肩斜度，前肩线向下平移 1.5 cm，长度较后肩少 0.3 cm 的缩缝量。

4. 袖窿

窿底较原型下降 3 cm~3.5 cm，画顺袖窿线，后袖窿可设定 1.5 cm 的冲肩量辅助线，前袖窿线需参照胸袋的位置画顺，胸袋距离袖窿线至少 2 cm，前后袖窿线在窿底处拼接顺畅。

5. 门襟

V 型领口的深度与窿深基本一致，搭门宽度 1 cm~1.5 cm，领深处为第一粒扣位，最后一粒扣位在后衣长水平延长线与前中的交点，其余扣位等分确定。

6. 口袋

口袋距离前中 6 cm，高低位置需通过扣位确定，袋口方向与底摆基本平行，需注意大袋处由于有省道通过，因此在制图时要在原本设定的袋宽值上加入 1.5 cm 的省道量，才能准确定位袋口。

7. 下摆

下摆尖角处采用 5∶8 的黄金比例，更具美观性，前侧缝距下摆 1.5 cm 处开衩，后衣片下摆处保证垂直，使后衣片更加平顺，侧缝处后片也略长于前片，这种结构设计不仅保证了马甲的视觉美感，同时也对腰部的活动起调节作用。

（三）西装马甲纸样设计要点

1. 根据男性原型画基础马甲设计图。

2. 马甲是穿在外套里的，因此不需要额外的余量，只要合身就可以。

3. 为了能让前衣更贴合身体，前肩长度比原型长度短 2 cm。

4. 后身下摆的长度可设定为 1 cm~3 cm，下摆与水平方向平行或比水平方向略短。

5. 正常状态下，穿好西装系上纽扣，从正面应看到西装马甲的第一粒纽扣。所以西装马甲的第一粒纽扣与西装第一粒纽扣具有连动关系，也就是说西装马甲的第一粒扣位随着西装第一粒扣位的变化而变化。必须指出，马甲的第一粒扣位不能提得太高，如果提得太高，系上领带后会感到不舒服，会产生卡脖子等现象。马甲的最后一粒纽扣应设计在皮带宽度的中心位置，以遮盖裤子的皮带，使西装三件套显得潇洒，也衬托出上衣的线条美。

四、休闲马甲的特点及衣身设计方法

（一）休闲马甲特点

休闲马甲其廓形、结构、款式与细节的变化大都是以流行时尚为依据。由于是休闲运动时穿用的马甲，所以不拘泥于某种形式，式样可任意变化，有单排、双排，还可以是无开襟、无纽扣的。口袋做成各式贴袋、挖袋、立体袋、上拉链等式样。结构变化和装饰比较随意，宽松自在便于运动，又具有时尚感，也可作为外出或便服使用。

一般为收缩结构，即围度加放较小。采用四分结构，前身围度分配比后身小，前后身均设计装饰腰腹省，V 型开领，长度在腰线下 10 cm，以遮盖男性裤腰带。袖窿开深，肩宽约为西装肩宽的 3/4，小肩宽为 10 cm～12 cm，单排三粒或五粒纽扣，左右身各两只单嵌线口袋。[①]

（二）休闲马甲衣身设计

1. 衣长

后衣长从背长向下 8 cm～10 cm，前身比后身长 1.5 cm 左右。

2. 领口

后领适当地增加深度和宽度，前领口的范围开到胸线附近。

3. 衣片

胸围加减 14 cm，后衣有腰省，前衣略收省，后衣配置可调整腰围的腰带。袖窿深线低于胸围线 6 cm。前门拉链，前衣有多个功能式透明贴兜。

（三）休闲马甲纸样设计要点

1. 休闲马甲结构整体比基本型马甲宽松，从其胸围松度与袖夹圈的开深度可见。

2. 立体袋的设计不仅美观而且实用，应注意口袋与衣身比例的协调。

3. 在侧缝处设计开衩结构，增大了背心底摆部位的宽松量，以适应腰部活

---

① 戴孝林．男装结构设计与纸样工艺［M］．上海：东华大学出版社，2019：150.

动的需要。后腰部可装有收紧功能的腰带。

4. 由于马甲的后片全部由柔软易变形的里料制成，因此后领颈侧及后中处易出现细小的褶纹。当后领颈侧处出现褶纹时，说明后领深过量引起颈侧长度浮余，应适当下降颈侧点的高度；当后中处出现水纹褶时，说明后中点过高引起后中线长度浮余量堆积在后中处，在结构上处理时应适当下降后中点的高度，同时为保证衣长，下摆处也应相应调整。

五、礼服马甲的特点及衣身设计方法

礼服马甲从功能上看，逐渐从普通马甲的护胸、防寒、护腰作用转变成以护腰为主的装饰性和礼仪作用。因此，它在纸样结构上，主要集中在腰部的处理，甚至完全变成一种特别的腰式结构。这是构成礼服马甲形式的目的性要求。

（一）燕尾服马甲的特点及衣身设计方法

1. 燕尾服马甲特点

燕尾服马甲是 V 型领口、四粒扣、两个口袋的形式，也有 U 型领口、青果领、三粒扣形式。它的略装形式是将后背和口袋去掉，保留三粒扣，形成套穿系扣的结构形式。

2. 燕尾服马甲衣身设计

（1）衣长

后衣的长度为 5 cm~6 cm，前衣比后衣长 5 cm~6 cm。

（2）领口

为了不影响衣领的高度，适当扩大后领的宽度。前衣领口开到前腰约 4 cm。

（3）衣片

胸围加 10 cm 的宽松量，前衣有腰省，布料与燕尾服一样，后衣为里绸，后片收省量占总省量 85%，并配 2. 5 cm 宽可调整腰围的腰带。袖窿深线在西装的胸围下面大约 6 cm，前门襟 1. 5 cm~1. 7 cm，单开三个纽扣，前衣左右各有一个口袋。

3. 燕尾服马甲纸样设计要点

（1）燕尾服马甲的结构和西装马甲的结构是一样的，可以用五颗纽扣马甲作为基本型来制作。

（2）因为衣长与前摆添加量的设计比较保守，所以在侧缝线的下部无须进行开衩的设计。

（3）为了使马甲的运动舒适度更好，因此袖口的开口深度更大，前肩长度比后肩长度要短，为马甲更加立体提供了条件。

（二）晨礼服马甲的特点及衣身设计方法

1. 晨礼服马甲的特点

主要指和晨礼服搭配的马甲。晨礼服马甲因在日间使用，通常采用双排六粒扣反尖领或青果领，四个对称的口袋。它的略装形式为小八字领，单排六粒扣或采用和普通西装背心相同的形式。平底下摆，衣长较短，与背部贴合。

2. 晨礼服马甲衣身设计

（1）领口

适当增加后领深度，使衣领的高度不会受到影响。前面的领口开到腰线附近，在衣领上增加的青果圆领要贴合。

（2）衣片

前胸围加上 10 cm 的宽松量，前衣有腰省，布料为灰色，后衣是丝绸，后片收省量占总省量的 85%，还有一条 2. 5 cm 腰带用来调整腰围。袖窿深线在西装胸围线下面 3. 5 cm～4 cm。前门襟开合 5 cm～6 cm，两个门襟有六粒纽扣，前衣有四个口袋。

（三）略式礼服马甲的特点及衣身设计方法

1. 略式礼服马甲特点

指的是与简单西服搭配的马甲。衣服比较合身，前下摆是尖的，后衣上部分省去，从前衣到后衣的宽腰带收于后面腰间，其余部分和礼服马甲是一样的。

2. 略式礼服马甲衣身设计

（1）衣长

后背腰带宽度都是以基础马甲为标准。前衣比后衣长约 4. 5 cm。

（2）领口

后衣领翻转到前衣领上贴合脖子。

（3）衣片

胸围加 10 cm 的宽松量，前衣有腰省，布料与西装一样，有可调整腰围的腰带。袖夹圈深线在西装的胸围下面大约 6 cm。前门开合 1. 5 cm～1. 7 cm，单门襟三粒纽扣。

第二节　衬衫纸样设计

衬衫分为礼服衬衫、普通衬衫和外穿衬衫。其中，礼服衬衫和普通衬衫是一种与正装、裤子严格搭配的内穿衬衫，是男装的主要服饰之一。外穿衬衫是一种可以单独穿的户外服装，在款式、工艺、板型、材料上都有很大差异，但其传承却是显而易见的，外穿衬衫是由内穿衬衫外衣化构成的，属于户外服装范畴，所以无论是纸样还是款式，其系列设计空间都要比内穿衬衫大。所谓的内穿衬衫是相对休闲外穿衬衫而言的，与男式礼服或套装以及裤子有着严格搭配关系，其纸样设计通常要做少量的收缩处理，采寸也更加规范。[①]

现代男装衬衫的款式造型变化多样，这是由于流行的意识已渗透到服饰的各个部位，就连衬衫的纽扣式样、衣袋的位置、领型等都带有流行的迹象。人们在选择衬衫的时候总要考虑自己的着装要具有时代美感，同时也要结合自身的条件及着装的时间、场合、地点而认真考虑选择。[②]

一、男士衬衫的穿着起源及穿着演变

衬衫的穿着方式多种多样，往往只能充当陪衬。男士衬衫从内衣到中衣的演变，可以追溯到17世纪晚期，这时出现了上衣和马甲，形成了一种穿在马甲里面、套在上衣中间的衬衫穿法，是现代套装的借鉴来源。也可以说，上衣衣领和袖口显露出来的样式，就是在此时建立起来的。18世纪，宽松的男士衬衫风格开始流行，衬衫横向剪开的地方和胸前有装饰性的蕾丝荷叶边，袖子也是荷叶边，穿上后手会被荷叶边遮住，这是典型的贵族打扮。上衣和马甲都被固定好了，衬衫的存在就显得有些单薄了。但是上层阶级给了它新的含义。保持衬衫整洁，穿着白色的衬衫，这是一种地位的标志。

19世纪末，男士衬衫的衣领差不多有耳朵那么高，而且是白色的。更换的衣领也有售卖，大多是10 cm的领口，也有12 cm的高领衬衣。随着上班族日益增加，绅士、商务人士的标准西装款式也被确立。男士衬衫在西装与领带的搭配上逐渐向白色靠拢，面料也从棉花发展到了化纤。防皱、防缩等功能也得到了发展，价格也有所下降，逐步使男士衬衫这种服装走进了普通百姓家庭，成为一种流行服饰。这种男士衬衫的特点在于面料易于整理，而且可以终生不

---

① 李静，刘瑞璞．衬衫衣身纸样专家知识的自动生成参数化设计［J］．服饰导刊，2014（4）．

② 孙兆全．经典男装纸样设计［M］．上海：东华大学出版社，2009：105．

需要熨烫。1900年，美国流行黑色和白色、淡紫色和白色等条纹装饰，胸前绣着两种颜色的高领男装在市场上很受欢迎。因经济发展较好，男士丝绸衬衣很受欢迎。男士衬衫的品牌和细分也拉开了序幕，高档的纯棉质面料和定制的男士衬衫也开始出现，这种衬衫更注重衬衫本身的材质和做工，面料更加精致，做工也更加精细，这是为中产阶层和更高层次的人准备的。于是，男士衬衫在近代逐步出现大众化和品质化的两极分化现象。

二、男士衬衫的分类及常用材料和规格

（一）男士衬衫的分类及特点

男士衬衫种类繁多。根据不同的标准可以分为下列几种类型。

1. 按衬衫的领部造型分类

（1）标准领口：领长及开口角趋势平稳的衬衫，一般在商务场合使用，主要是纯色。

（2）不同颜色的领口：纯色或条纹衬衫搭配白色领子，袖口为白色。

（3）敞角领：领口的夹角为120°~180°，也叫法式领或温莎领。

（4）纽扣领：是运动款式，领口用纽扣固定在衣服上。更多在美式休闲衬衫中见到。

（5）长尖领：领口较窄，稍显尖头，线条简单，常用于典型的礼服衬衫，一般是白色或纯色。

（6）立领：仅有领座，源自中国传统服饰的领型，可以突出领口的弧度，在休闲款式衬衫中，一般都是与衣服同色。

（7）别针领：即在两边领子的中央各开一个洞，打领带时用夹子穿洞加以固定。这种领型的衬衫适合与正规的三件式西装搭配，具有较强的装饰功效，但不适宜随意穿着。

（8）翼领：领口垂直立起，领尖向前弯曲，专门与礼服搭配。

2. 按穿着场合分类

（1）正装衬衫

由于正装衬衫的穿着要求严格，色调选择以白色、蓝色等纯色调为主，外轮廓以H型为主。领子为达到与颈部体型特点相吻合的要求，领型采用领座与翻领断开的结构设计，领座与翻领的比例系数一般控制在0.7~1，领型的外观设计、领尖的长短及领型角度的大小随流行趋势变化而变化，领子作为衬衫的

重要组成部分，对工艺要求特别严格细致。①

肩部的单层布料是正装衬衫的一个重要特点，除了宽度会随着流行元素而改变，其余基本造型不变。前门襟分为明门襟和暗门襟，门襟上一般有六粒有效纽扣，由于正装衬衫着装讲究，第一粒扣位与第二粒扣位之间的空隙不能太大，一般为 7 cm~7.5 cm。在左胸口有一个透明口袋。袖口有预留的宽松量，宝剑头袖衩，袖口有袖排。

正装衬衫按着装季节可分为长袖和短袖两大类。适合办公场所和社交场合的正装衬衫较为正式、精致，面料的选择也倾向于舒适，以单色或条纹为主。

（2）礼服衬衫

礼服衬衫的造型与正装衬衫基本相同，以宽松的 H 型结构为主，区别在于领型的变化，礼服衬衫的领型没有后翻领，而是在立领基础上加了两个燕尾式领尖。胸前的 U 型横向剪开的地方，多用波纹来装饰，袖口上有金属或宝石的纽扣。

礼服衬衫又分为晨礼服衬衫和晚礼服衬衫。和燕尾服相配的是晚礼服衬衫，双翼燕尾领，胸前有 U 型横向剪开的地方，并配以白色的波状装饰，在胸口处有六颗用贵重金属或珍珠制作的有效纽扣，袖口一般采用双层翻转的装饰纽扣。和晨礼服相配的是晨礼服衬衫，领口从普通衬衫领到双翼燕尾领都可以。如果是普通衬衫领，那么胸口一般不会有横向剪开的地方；如果是双翼燕尾领，那么胸口也有 U 型横向剪开的地方。在重大的社会场合，如宴会、庆典等，黑色或白色的礼服衬衫是最好的选择。

（3）休闲衬衫

休闲衬衫是一款板型宽松、直身剪裁的短袖开襟衬衫，常门襟敞开穿着。休闲衬衫没有特别场合的穿着要求，更随意自然，可以按照时尚潮流和个人需求穿着，有流动性和多样性，因此色彩的选择也很广泛，如色彩、格子、图案等可以随便运用。它最主要的特点是一片式翻领，这种领没有领座，由领底处的纽扣和环状搭袢可以使衣领在立成普通衬衫翻领或者完全舒展平整两种状态之间转换，因为大多数情况均呈展开状态，所以也被称为开领。休闲衬衫就是外套化衬衫。在进行结构设计时，要注意衬衫风格与潮流变化，尤其要注意对时尚的追求。休闲衬衫适合对穿着要求不高的办公室，也适合非正式的休闲、聚会、居家等场合，多使用纯棉布料，颜色和样式多样化。

① 闵悦．服装结构设计与应用·男装篇第 3 版［M］．北京：北京理工大学出版社，2021：54.

（二）男士衬衫常用的材料

衬衫是一种贴身穿着的内衣，通常采用柔软轻薄、吸湿透气、易洗易干的布料。适用于男士衬衫的织物有平布、府绸、麻纱、纺类织物、绉类织物等。

1. 平布

平布是一种经纬纱等粗细或密度相近的平纹组织。它的特征是交织点多、表面平整、质地牢固、正面和背面效果一样。平布根据织数不同可以分为粗平布、中平布、细平布和细纺，细平布和细纺通常被用作男士衬衫的面料。

2. 府绸

府绸是一种布面由棉、涤、毛、棉涤混纺纱织成的平纹织物。它的经密度大于纬密度，大约是2∶1或5∶3。府绸具有轻薄、结构紧密、颗粒清晰、布面光洁、手感柔滑等特点。府绸的种类很多，主要用于衬衫的面料有全棉精梳线、涤棉府绸、普梳纱府绸、棉维府绸等。

3. 麻纱

麻纱是一种轻薄直条纹的布料，布面的宽度不均匀，因触感很好而被称为麻纱。麻纱薄爽透气、条纹清晰、穿着舒适。

4. 纺类织物

纺类织物以平纹为主，表面光滑细致，质地更薄的素织物也称为纺绸。它是由不加捻人造丝、桑蚕丝、聚酯纤维等原材料编织而成，还有用长丝作经纱、人造棉和绢纺纱作纬纱的织物。有电力纺、尼龙纺、无光纺、富春纺等。

5. 绉类织物

绉类织物是一种具有弹力的丝绸面料，其表面具有褶皱效应，由纤维材料制成。绉类织物光泽细腻，手感柔软，富有弹性，抗皱性能好。绉类织物种类繁多，适合衬衫的主要有中薄的双绉、碧绉、花绉、香乐绉等。

衬衫的材料呈现出多元化趋势，世界著名品牌所选用的布料极具代表性。阿玛尼的衬衫材料包括亚麻、埃及棉、羊毛、丝绸、羊绒等。品克的衬衫面料包括麻纱、皇家牛津纺、罗纹纺、海岛棉、山形斜纹纺等。其他的材料如府绸、青年纺、华尔纱、轻罗、凹凸细纹布等也会使用。

（三）衬衫的选择

1. 色彩与花型一般常识

衬衫的色彩范围很广，挑选时要注意，一般不宜穿着太明亮的紫红、薄荷绿、橘黄、淡紫、褐色和海军蓝，这类色彩一般都不太美观。如果穿着单色衬衫，那么除白色以外，最好选择那些较浅的、较柔和的色泽，如浅粉色、淡褐色、象牙色，以及明净的淡黄、柔和的蓝色等。这些色彩看上去漂亮舒服，比深暗的单色明快清爽，并且容易和其他颜色的西装、外套搭配。

选用衬衫花型时，也需要注意色彩。衬衫的花型有宽条纹、窄条纹、宽窄相间条纹、竖条纹、横条纹、格子和点状碎散花型等。这些花型的衬衫本身都具有一定的风格，各有其优美的特色。一般说，窄条纹的宽度以不超过 2 mm 为宜，其条纹看上去就像针尖那么细。浓厚色彩的细条颇具华丽风格，配上质地好的面料，做成的衬衫穿上后将会不同凡响；稍宽的窄条纹效果也可以，但必须注意，随着条纹的加宽，面料的色彩要更趋浅淡柔和，即条纹间对比度要小，切忌黑白分明。在宽条纹的衬衫中，一般 4 mm 的宽度就是极限了。方格衬衫的色彩要求也类似条纹衬衫，颜色宜浅淡，小方格布料做的衬衫效果较好。针尖大小的点子花型和碎散花纹的衬衫穿着效果也不错，但也须注意颜色以浅淡为宜。在浅淡或白色底色上，添上棕色、深蓝、葡萄红、深灰乃至黑色的花纹，穿着也都比较好看。

2. 挑选原则

（1）根据皮肤色泽、体型、气质选择衬衫的色彩与花型时，还要充分考虑穿衣服人的自身条件。一般来说，皮肤白净的人穿什么色彩的衣服都较美观，不受限制；皮肤呈黄褐色的人，切忌穿黄色、棕色、土褐色、咖啡色的衬衫，藏青、黑色等色调的衬衫也不宜选择，应选择较为柔和的色调，如象牙色、明净的淡黄、柔和的蓝色等；肤色较黑的人则宜穿白色、银灰、奶油色等浅色的衬衫，切忌穿深色调。体型细瘦单薄的人不宜穿深色调、竖条纹、窄条纹的衬衫，应该挑选那些色泽明亮、宽条纹、横条纹、有较大的方格的衬衫，使人显得丰满。体型略胖或肥胖者则相反，宜挑选穿那些深色调、细条子、碎花纹、小方格或单色的衬衫，以使身体看起来能收缩一些。

从气质上说，一般较活泼开朗、洒脱大方的人可以挑选一些色泽较鲜艳的衬衫，如大红、深绿色、海军蓝等，在花型上可以穿一些较大的方格、较宽的条纹和一些程度不同的花纹衬衫；而生活作风较严谨、文质彬彬的人则可以挑选一些色泽较柔和、花型较整洁的衬衫穿，这样才比较相配、得体。

（2）在办公室等正规的场合，最好穿单色衬衫，因为任何样式的花型都不如单色正规。在这些场合即使要穿有花型的衬衫，花纹的颜色也最好不多于两种，至多再加上白色，花纹也只能是文静的细条纹。严格地说，格子衬衫不如条纹的正规。当然，在办公室或较正规场合所穿的单色衬衫的色彩也不宜太艳丽，最好是白色、淡蓝色、象牙色等浅淡柔和的。

在一些轻松随便的场合或休闲时间，可以根据自己的爱好，选择适宜自己的衬衫色彩、花型。花衬衫较单色衬衫特别是比白衬衫显得年轻活泼、柔和美观，并且在多人聚会的时候，可以大大活跃气氛。不过，工作时间和业余时间所穿的衬衫之间也没有什么绝对严格的界限和区别，有一些衬衫往往在两种场合中都能穿用，如细条纹衬衫、色泽浅淡柔和的单色衬衫等。

（3）根据西装或其他外衣样式、色彩挑选衬衫时，如果准备将这件衬衫作为西装或其他外衣的配套内衣穿，就还应该将准备配套穿的西装或外衣的样式、颜色考虑进去。这样购买的衬衫，用途较广泛，不论单穿或配套穿都合适。

通常情况下，单色的西装或外衣里面可以搭配一些花色衬衫；颜色较暗的西装里面宜穿白色衬衫或色彩较鲜艳的衬衫，以便衬托出深色西装。而印花面料或格子面料的西装、外套里面最好是配单色衬衫，免得里外都花，色彩混杂，显得杂乱无章。特别是对各种颜色的搭配没有很大的把握时，更要避免“以花配花”。一般来说，白衬衫配什么衣服都没问题。此外，柔和的蓝色、粉红色、淡褐色或黄色，都很容易和其他颜色相配合。另外，在单色的夹克中配以有碎散花纹的小花、多种色彩的格子、狭条纹或宽条纹等有简洁灵巧花型的衬衫，是很漂亮、潇洒的，较单色衬衫更具有现代风度。

（四）衬衫的规格设计

1. 衣长以人体的身高为基准，根据款式要求在此基础上适当地调节。
2. 胸围是按照人体的净胸围来计算的，加减 18 cm~20 cm。
3. 肩部宽度是以人体净肩宽度为基准，加减 3 cm~4 cm。
4. 袖长以人体的身高为基准。

三、正装衬衫的特点及衣身设计方法

（一）正装衬衫特点

正装衬衫主要是指与普通西装、办公套装、运动西装、职业西装等搭配的衬衫。服装比较合身，有硬质的翻领，有圆摆，肩膀有过肩。后衣为单或双折，衣袖在手腕以下 1.5 cm 处，单门襟。左前衣有口袋，稍微收腰。衬衫标准款式的基本元素包括：①企领；②肩部育克（过肩）；③六粒扣明门襟；④左胸贴袋；⑤圆摆；⑥后身设有固定明褶；⑦圆角袖头，连接剑型明袖衩。①

① 刘瑞璞．男装纸样设计原理与应用训练教程［M］．北京：中国纺织出版社，2017：51.

（二）正装衬衫衣身设计

1. 衣长

前衣比后衣短 5 cm，前短后长的圆形下摆或前后圆摆。

2. 胸、腰、臀

胸围的宽松量是在胸围的基础上再增加 18 cm~20 cm，腰部略收 1.5 cm，收 1 cm 的下摆，衣服的摆动要尽可能紧贴臀部，以免出现多余的褶皱堆积在腰和臀部。下摆的前短后长是根据上半身运动时的前屈伸展动作比较多，这样可以确保后摆在运动中不容易脱离。圆摆正好符合腰臀运动功能和形态需求。

3. 衣领

衣领是衬衫设计中的重要环节，它的结构可分为底领和翻领，衣领的形状要根据时尚潮流而变化，而领围的大小要根据颈部尺寸加上合适的宽松量。

4. 过肩

衬衫肩部设计有横斜向剪短的地方，育克的结构是按后颈点至背宽横线的二分之一比例推算出来的，同时要按后肩抬高 1 cm，前、后袖窿的宽度适当缩短的结构进行。袖窿结构的设计是配合西装袖窿进行的，因此，它只能作收缩设计。

5. 褶裥和门襟

衬衫前中线做 3.5 cm 宽的明贴边，后中线做 3.5 cm 宽的明褶，上端固定在育克线中，该明褶的功能是为手臂前屈运动时设计的余量。胸袋只设在左胸部。

6. 袖长

袖子的纸样设计，主要是根据已完成的袖窿弧长为基数进行。袖山高采用该弧长的六分之一，约为西装袖山的一半，前、后袖肥根据前、后袖窿弧长各减 0.5 cm，并完成袖山曲线。重要的是前袖山曲线在与前袖窿对应的凹进处应作同样的处理。衬衫的袖长要比西装的袖长多 4 cm，因此，袖子纸样中所显示的袖长应该是袖片长加上袖头宽大于西装袖长 4 cm。袖片底边缝是根据袖头长加褶量确定的。袖头长度在没有规格提供的情况下，应是腕围加上 10 cm。

（三）正装衬衫纸样设计要点

1. 将前后两个肩部沿线剪开，然后将肩部缝制成过肩的纸样。

2. 袖子制图通过剪切收袖口，并设 6 cm 倒褶。

四、礼服衬衫的特点及衣身设计方法

（一）礼服衬衫主要特点

礼服衬衫一般是白衬衫，也有纯色的单面衬衫。穿晚礼服时一定要搭配白色衬衫。前襟有褶皱或波浪褶皱的平领或双翼领衬衫，可以搭配塔士多礼服或黑色套装。套装与衬衫结合时，衬衫的下摆要放在裤腰里，整理后衬衫的领口要比外套高 2 cm 左右，袖长要比外套长 1 cm~1.5 cm。礼服衬衫造型一般为衣身合体，略有腰线，由领座和领面构成的双翼领，前襟有六粒由珍珠或贵金属制成的纽扣，袖头采用双层翻折结构并由双面链式扣系合,① 这种袖头是礼服衬衫的一大特色。前短后长，圆摆，前门襟是暗贴边，没有口袋。

（二）礼服衬衫衣身设计

1. 衣长

全衣长度较长，圆摆，前衣比后衣短 4 cm。前门襟采用暗扣，下摆与膝盖高度相齐，胸口有 U 型装饰，由坚硬的树脂制成。

2. 领口

领口设计是双翼立领，双翼部分在领口的前面，并且是直接在领口的构造中设计。衣领的宽度约为 5 cm，以确保衬衫超过礼服的衣领高度。还有一种独特的双翼领，可以用纽扣将其固定在特殊的衬衫立领上，便于拆卸。

3. 袖口

袖头为双层复合结构，袖口宽度是普通衬衫的两倍，对折成两个袖头，折叠后的袖头合在一起，将四个纽孔位对齐，用链式装饰扣连接起来。在工艺上，袖衩是小袖衩计，与袖头的联结应在袖内翻转，并用袖头将其紧固，在袖头折叠时使其合拢。

（三）礼服衬衫纸样设计要点

1. 因衬衫面料和结构要求不同，前门襟不作偏胸设计。
2. 根据款式要求将原型袖夹圈进行收缝设计。
3. 侧缝收腰 4 cm。

---

① 周丽娅．系列男装设计［M］．北京：中国纺织出版社，2001：63.

五、休闲衬衫的特点及衣身设计方法

（一）休闲衬衫的特点

休闲衬衫指款式自由、细节设计随意的外穿衬衫。现代的男式衬衫，在领角形状、整体廓形、颜色、花型等方面日新月异，令人眼花缭乱。部分前卫的解构主义设计师对其原有造型、款式进行大胆改造，把领、肩、胸、腰等部位的剪裁结构拆散，然后重新组合，形成一种新的结构，这种打破规则不对称的廓形开始受到时尚界瞩目。

休闲衬衫是一种可以在室内和室外都穿着的休闲服装，穿着方式比较随意，颜色、面料和结构没有特别的形式化规定，主要是根据流行特征而改变。休闲衬衫的主要特征是可以单独穿着，与外套相似，宽松自然，并无严格的要求。布料的选择更广泛，根据季节、场合选择布料，但是整体款式却是参考了标准衬衫的板型。

（二）休闲衬衫衣身设计

1. 胸围

在净胸上再增加 18 cm~25 cm，一般不收腰，设计为直筒型。

2. 衣领

可以是小翻领、立领、开关领或有翻领和底领的标准衣领。根据时尚潮流设计出不同的领尖形状。领围的大小要根据颈部根围大小加上合适的宽松量，通常是 1.5 cm~2 cm，以决定衣领的大小。

3. 过肩

可以在男士衬衫的肩部设计育克，但是通常来说有更多设计上的改变。

4. 后褶裥和门襟

根据流行趋势，后褶裥和门襟的设计变化可以有很多种。

5. 袖子

可参考标准衬衫的衣袖设计，设计为直袖无袖头或短袖等。袖山高和袖山弧线要与袖夹圈的弧度相适应且整体协调一致，基本满足风格与功能需求。

（三）休闲衬衫纸样设计要点

1. 前片取 1 cm 的前胸省，后片取 2 cm 的后腰省。

2. 后片袖窿取 0.7 cm 的袖窿省。

第九章　男士外套与户外服纸样设计

男装基本纸样是以人体净尺寸为依据，加上固定的宽松量，经比例分配方法绘制而成的近似于人体表面的平面展开图。[①] 外套主要用于各种户外活动，受到西装与内衣搭配方式的限制，而礼节上的程式化因素也会对外套的形状产生一定影响。在男装设计中，H 型外套是主要款式，四开身收腰、六开身和直线四开身是主要板型。从概念上来说，户外服是一种休闲服饰，而在功能上是一种非礼节的户外活动服装。它也没有完整的男式服装形式，其造型特征是根据方便、实用、安全和流行元素而设计。外穿衬衫和夹克是户外服的主要形态，纸样则是以变形设计为主要准则。

第一节　外套纸样设计

外套一般是指长大衣、派克大衣、中长外套、风衣、西装上衣、夹克衫、两用衫等外出服，这类服装具有较强的实用性，也是人们从室内到户外的替换服装。[②] 外套的造型要素十分稳固，设计方式上是以其基本要素为基础进行重新组合，可以分为礼服外套、常服外套和休闲外套。面料和颜色在外套的设计中起着至关重要的作用，20 世纪初期确定下来的经典外套基本上都与面料有关。因此，在考虑款式改变的同时要对面料进行选择。

一、男士外套概述

（一）古代男士外套的发展历程

1. 东方男士外套的发展历程

从历史的角度来看，外套和大衣最早出现在大约公元前 3 世纪的中国先秦

① 浦冬晓．男装基本纸样相似形放缩设计新方法［J］．江南大学学报（自然科学版），2003（5）．
② 刘舒白，程亚娟．男装外套分割线设计的装饰性［J］．江苏丝绸，2006（3）．

时期，已有2300多年的历史。

先秦时期的外套分为两种，一种是在单衣外穿的套衫，叫作“表”；另一种是皮衣外面的罩衫，叫作“祸”。它和现在的男士外套一样，有保护内衣和保护身体的实用功能，以及装饰人体所必需的功能性美。

汉代《说文解字》：“表，上衣也。”① 《论语·乡党》还提到：“当暑，袗絺绤，必表而出之。”② 炎热的天气穿细葛布或粗葛布做的单衣，一定会套在外面，以达到礼节和习俗的需要。

公元3—6世纪，即魏晋南北朝时期，男女都有穿披风和斗篷的习俗。当时的斗篷也被称为“假钟”；到了清朝，披风更为盛行，造型也更为精细，被称为“一口钟”。披风的功能和现在的风衣相似，披风可以用来御寒挡风，也可以在外出时当作装扮的外套。由此可以看出一些现代的外套词汇，如风衣、披风、大衣等都在中国古老的服饰文化中有所体现。

2. 西方男士外套的发展历程

在西方，外套最早出现在波斯帝国遗址的壁画上。在公元14—15世纪，外套在欧洲地区开始流行，但是款式和构造都很简单，大多是斗篷或者披风。直到18—19世纪的西服套装、翻领的西装的出现才有了基本形制。起初，外套是为了保暖，后来是为了彰显地位，外套的款式结构也随着西服套装的流行而定型。

（二）现代男士外套的发展历程

在秋天和冬天，人们上班时的风衣必不可少，它们不仅能提供必要的保暖，还能巧妙地展现出绅士风度和帅气外表。自工业化时期起，外套就成了展示男士风度的最好道具之一。男士外套的款式分为单排纽扣和双排纽扣两种，也可根据身材和喜好选择是否收腰。但是，外套在细节上有很多变化，比如有没有履肩，是单数还是双数，带袢的设计以及不同的领口和口袋等。普拉达、LV等品牌推出的贴合腰部的大衣，以精巧的剪裁线条打破了传统风格，将阳刚与柔美完美结合，在绅士气质中带着一丝放荡不羁，正统却不失阳刚。内衬的装饰是现代设计师为了摆脱粗犷的外表而设计的一种时髦刺激性。

随着科技的进步，人们可以在外套中找到更多的材料选择，同时也给服装带来了更多的特色。比如厚重的毛呢外套、轻盈的羊绒、高密度面料的防风透气性等。另外采用单双面包覆毛织物和新的防风防水材料等也为这类服装的设

---

① 许慎．说文解字［M］．长沙：岳麓书社，2006：170.

② 孔丘．论语［M］．西安：陕西旅游出版社，2003：99.

计提供了新选择。

（三）外套造型的功能特点

男士外套就其性质而言，更强调实用性。它是春秋冬季室内到室外的替换服装，在夏季也常使用一种风雨外套。材料的选择也根据季节、气候有所不同。防寒的外套，应选择羊毛、驼绒或与人造纤维混纺的毛呢织物，织物结构丰富有触觉感；防尘、防风雨的外套也以毛织物为主，但质地密而轻盈，有的还要作防雨涂层的处理。面料的色调以中性色为主。在造型结构上，也以实用功能作为基础，因此，外套的廓形以较为宽松的 H 型结构为主，但礼仪性较强的外套常采用有腰身的 X 型。长度也根据季节和用途有所不同。一般是以膝关节以下的长度作为外套的基本长度，膝关节以上为短外套，常作为春秋季外套。在基本长度以下的外套有冬季大衣和风雨衣。

（四）外套的分类

男士外套是最外层的衣服，它的功能是防雨、遮风、挡寒、美观。它的风格根据穿着场合而变化，如正式场合所需的礼服外套、日常着装的便装外套、时尚风衣、工作服等。风格多变，体态以宽松笔挺为主。外套的整体结构是按照宽松的原则来设计的，如果西装的宽松量是 15 cm，那么外套就在 25 cm~30 cm。

1. 按长度划分：短大衣、中长大衣、长大衣等。

2. 按用途划分：礼服外套，如柴斯特外套、单排暗扣式平驳领外套、双排扣驳领大衣；休闲外套系列，如巴尔玛肯外套、波鲁外套；风衣系列，如中长大衣；生活装系列，如插肩袖中长外套、三片袖中长外套、半肩袖外套等。

3. 按用途划分：特殊用途的军大衣、各种劳动防护外套、防火、防酸外套等。

二、柴斯特外套

柴斯特外套是男士服装中的第一礼服外套。在礼节的范畴之内，又依体态的细微改变，可细分为各种样式，通常以翻领和黑天鹅绒为主的柴斯特外套为传统版本。在一般社交中，单排暗门的镶驳领是传统版，双排六颗纽扣的戗驳领柴斯特外套是出行版，八字领是标准版。但是，总体板型并没有发生根本性的变化，结构上它们通用收腰型四开身和六开身及两片装袖型。若采用直线四开身结构有礼服休闲化趋势。

（一）标准版柴斯特外套纸样设计

柴斯特外套的标准版制式特征是单排扣、暗门襟、八字领。它的成衣宽松量大约在25 cm，这个范围是指衣服的胸围与净胸围之差。基础纸样的宽松量为20 cm，但在西服纸样的设计中，不论采用何种开身，后侧缝、后背缝、前侧省都要用到一些宽松量，因此基本宽松量是15 cm。八字领的设计依据是通用的倒伏量公式，因领口深度增加而增加了底线倒伏量，八字领应按普通翻领的比例来设计。前门襟有三颗纽扣作暗门襟。

袖子依然是两片袖的构造，但根据前后袖夹圈的结构改变，调整袖夹圈深线、符合点和袖山高，背宽横线因袖夹圈的开深而作相应调整。利用这些设计两片袖吻合度很高。外套袖长增加的范围要参照西装袖长增加3 cm，袖口宽度为袖肥的2/3，袖山曲线比袖夹圈弧长4.5 cm左右，所有纸样做好后要复查。局部的袖子尺寸也要比西装大，便于做微调。

（二）传统版柴斯特外套纸样设计

柴斯特外套传统版的设计特征是单排扣、暗门襟、镶驳领，翻领经常使用黑色天鹅绒面料，体现了英国传统。纸样设计一般是在标准版的基础上，把八字领改为戗驳领。纸样的主体结构可以保持标准的四开身，也可以采用强调X型的六开身。

（三）出行版柴斯特外套纸样设计

双排六粒纽扣戗驳领是柴斯特外套出行版的特色。其总体结构可采取四开身或六开身，突出了X型的传统造型。在纸样处理上，整体与局部的图案与六粒纽扣的黑色套装非常相似，但在比例上却有了一定的提高。由于外套使用的布料较西装厚实一些，所以戗驳领的角度要适当地增大。袖子的纸样与柴斯特外套标准款式一样。

双排六粒纽扣戗驳领的柴斯特外套出行版通常与波鲁外套的样式搭配形成男士外套的概念设计。这两种外套是出行外套的不同款式，前者是正式出行款，后者是较随意的出行外套，很显然两者之间的元素互通是男装设计中经常采用的相似元素组合的原则。

三、巴尔玛肯外套

（一）巴尔玛肯外套款式设计

外套的组成要素在历史的积累中已十分完善，同时因受到男士的青睐，其造型语言也是古典而雅致的。所以，风格系列设计不能轻易抛弃其固有的语言要素，可以采取元素互借的方法，也就是将各种外套的要素拆分重组、互换使用，在重组中赋予元素以新的观念和语言来表达新的含义。外套的风格设计特别强调级别次序，在设计时要注意国际着装原则的引导，运用要素的承上启下，跨越级别使用元素时要仔细斟酌其可行性，否则会导致设计次序和礼节等级的错乱。

巴尔玛肯外套是最常见的男士休闲外套之一，也被称为雨衣外套、万能外套、风衣等。最初是用作雨衣，起源于英国巴尔玛肯地区，经历第一次世界大战和第二次世界大战后的老牌奢侈品牌博柏利确定了巴尔玛肯外套的地位。它的风格特点是巴尔领、插肩袖、暗门襟、斜插袋等，这一切都是为防雨设计的。从外套 TPO 的分布来看，巴尔玛肯外套上一层是波鲁外套，下一层是堑壕外套和泰利肯外套。在邻近元素之间相互连接的基础上，可以采用更高级的波鲁外套元素，但是在更高的层次上使用柴斯特外套的服装元素会受到 TPO 的限制。按照上一层要素易于流向下一层的原则，巴尔玛肯外套附近的外套都可以随意使用，如堑壕外套、乐登外套、泰利肯外套等。

巴尔玛肯外套的插肩袖结构与普通装袖不同，这是雨衣样式的保留，它更适合防水，因此设计防雨的外套都是采用插肩袖来装饰。插肩袖作为风雨外套，和装袖在结构上不同，插肩袖的结构线是顺着手臂进出方向设计的，所以穿脱障碍很小。同时它的流线型外观使雨水不易停留而起到防水的目的，这也表明了插肩袖多用于强调功能的服装设计，所以无论是礼服还是西装都不使用插肩袖。巴尔玛肯外套是箱式造型，通常采用前后两种衣片的形式，所以其宽松量分布和处理内部结构与波鲁外套是一样的，尤其要注意在前、后肩点上的抹肩量。在此基础上，对袖夹圈曲线进行修整，并将其作为设计插肩袖的依据。前袖中线与后袖中线的紧合度比较，前袖比后袖大，而在肩点附近 10 cm 处的等腰三角形底边显示前袖中线比后袖中线低 1.5 cm。可以用两片袖获得袖山高度，根据袖山高在前袖中线和后袖中线的垂直线来确定落山线。前袖肥和后袖肥，在袖夹圈处画出插肩线，参考袖夹圈余下的弧线，做形状相似、相反方向、长度相等的袖弧线并在落山线上测量袖肥。前袖内凹 1.5 cm 与后袖弯曲处的处理相一致，后袖内缝与前袖内缝之差则作肘省。

前领宽度和领口深度是由后领宽度减去 1 cm 和后领宽度得到，调整前领的弧度使其自然形成撇胸量。巴尔领是一种典型的分体式翻领，领面向下弯曲，领座向上弯曲，衣领弧度采用了领底线曲率公式，尤其要注意的是领面宽度要足够大，以满足防风、防雨的要求，但这样做会增加领面与领座之间的曲率反差。在相应的领角上，还配有纽洞和纽扣。前襟采用暗门襟构造，防止雨水淋湿。

（二）巴尔玛肯外套面料选择

选择卡其布、水洗布、防雨布这些朴素的面料时，巴尔玛肯外套便倾向于休闲风格，一般会加上更多的堑壕外套的元素，如领袢、肩袢等，这意味着它不能作为礼服外套。非风雨外套的元素在巴尔玛肯外套设计中一般没有禁忌，值得注意的是要符合设计的整体风格和预计用途（偏礼服或休闲）。例如，插肩袖是巴尔玛肯外套的标准件，也是休闲外套的常规元素，装袖则是柴斯特外套的标准件，也是礼服的元素。当巴尔玛肯外套设计时运用装袖形式，就不能原封不动地照搬，要在板型及工艺上采用休闲化的技术处理，这样整体上从功能到风格变得浑然一体。

羊绒面料使巴尔玛肯外套升格为完全的礼服外套，在现代礼服外套中大有与柴斯特外套平起平坐之势。其中的重要原因在“简洁”这个礼服通则上，不亚于柴斯特外套，甚至在服装实用化的大趋势中有些拘谨的柴斯特外套甘拜下风。但是，在面料的使用上，巴尔玛肯外套固有的防雨布、棉华达呢无论如何也不能和讲究的礼服外套相抗衡。因此，高等级呢绒面料的选择会使巴尔玛肯外套的理念向礼服外套、讲究的出行外套延伸，于是增加和变换它所倾向的外套（如礼服外套）元素也是可取的。

（三）巴尔玛肯外套纸样设计

巴尔玛肯外套通常是常规外套的制式，它可以与任何外套的样式相结合，因其结构灵活、礼节不严格，常成为流行外套系列纸样设计的基本依据。以巴尔玛肯外套的成衣系列设计为实例可以将其应用到其他实践中。巴尔玛肯外套纸样系列设计，H 型的结构比较稳定，通常不会使用一款多版的设计。

纸样一，主体结构及领形不改变，将斜插袋改为 Polo 夹克样式的复式贴袋，袖子采用包袖设计，明袖头缩小，位于袖中线之内。

纸样二，以巴尔玛肯外套前中线为参照作双排扣暗门襟不对称设计，驳点定于腰围线上 7 cm 处，注意此时倒伏量增加，要再作调整。前衣采用包袖工艺，后袖保持原状，构成前装后插式。

纸样三，在纸样二的基础上不断改变，成为双排明门襟，纽扣距离采用1.5倍西装的纽扣距离。恢复插肩袖形状。

纸样四，服装的主体没有变化，关键是增加了堑壕外套的元素，把巴尔领改成了拿破仑领的形状，而口袋和袖扣则改为堑壕外套元素。

纸样五，在巴尔玛肯外套标准纸样基础上由之前的暗扣式改为明扣式，袖袢由后袖向前袖移动，下摆加上乐登外套的绗缝元素。

后片比较稳定，只要与前片进行局部调整就可以完成一系列的设计。极具逻辑性、规律性、可操作性等特点，成为一种典型的品牌化纸样设计培训案例。

其他外套的纸样系列可以用标准巴尔玛肯外套纸样进行有规则的改变，从而形成具有独特风格的系列设计。

四、其他款式外套

（一）波鲁外套

波鲁外套原是一种观看马球比赛的男士外套，现在常作为保暖型外套使用。波鲁外套属箱式（H型）造型，整体结构宽松，采用无省直线四开身设计，因此与X型外套结构不同，它在纸样处理过程中没有消耗量。其他尺寸按照外套四开身的基本纸样进行设计，需要特别注意的是波鲁外套三片包肩袖口的纸样设计采用了插肩袖的设计。在四开身结构基础上直接作插肩袖的设计，采用三段式的插肩结构，依据包肩袖的构造特征，不采取普通的插肩式，而采取与装袖相似的包肩。这样的构造环境具有很大的设计空间，包肩的状况可以根据造型来进行结构上的处理，如前包后插袖都是基于此实现的，波鲁外套的袖型也经常使用这种概念设计。前后片肩部削减的部分是根据波鲁外套半包肩造型所设计的，在肩部和袖山顶部的结构处理上，采用袖借肩的互补原理设计，即肩部去掉的部分在对应的袖山中补偿。

（二）风衣外套

风衣外套又叫堑壕外套，是男士服装发展史上的一大特色，也是不朽的经典。风衣外套与巴尔玛肯外套的总体构造是一样的，所以风衣外套的纸样设计可以用巴尔玛肯外套作一个标志性的局部设计。袖子采用插肩袖，袖长比普通外套长，这是因为袖口上有袖带。后开衩的设计采用封闭式的暗衩结构，并在下摆增加内衬垫，以增加下摆的可伸性。在缝纫方面采用了一种封闭对称的暗褶法，这是它在防水和防风方面的每一个细节都被保存下来。因此，它被认为是经典绅士中具有历史意义的一款外套。后披肩的整体结构设计，利用其与背部缝线的收腰空间增强披肩的防雨作用，尤其是系上腰带时更明显。披肩的下摆是一种中间凸、两侧凹的弧形，其造型不是为了装饰，而是起到中间导流的作用，减少雨水在后背上滞留的时间。前胸盖布仅在右侧，也要考虑到设计双排扣门襟。它的作用是当左襟和右襟合拢时，左襟可以插入右胸盖布，通过里面的纽扣固定住，这样就形成了左右双重搭门，可以防止雨水从任何方向进来。风衣领是拿破仑领式，类似巴尔玛肯外套的分体翻领，但多了领袢和前领台，领座底线的弧度应该在领底直线和领口曲线之间。口袋的斜插袋设计也是为了防雨，而且比普通斜插袋要低一些，这是由于系腰带时衣身会变高。

在传统结构中，腰带的设计有四个 D 形物环，原本是用来装水壶之类的东西，现在成为绅士的秘密符号。肩袢和袖口的腰带都是可拆卸的，这种设计在堑壕外套中是不容忽视的。从风衣整体构造特征上看，以防风防雨为目的虽然保存了原始的外观，但人们却往往遗忘其原有功能，成为一种独特的绅士风度。这也让设计师明白，男士的气质是如何被塑造出来的。这一点在达夫尔外套也得到表现。

（三）达夫尔外套

达夫尔外套的特殊构造形态，承载了北欧渔民远古捕鱼和极地文明，历经第二次世界大战后，最终成为常春藤贵族文化中的高雅休闲的代表，其每一个细节都是“生态经典”，值得流传。在布料的选用上，选用了独特的苏格兰呢绒与麦尔登呢双层粗纺呢，明扣袢、明袋、明线工艺就成了一种必然的表达方式。

达夫尔外套是一种运动型外套，是所有外套中仅有的带有帽子的防寒外套，主要用于山地旅游、冬季休闲等，所以它的整体结构比一般外套要收紧一些，为了便于运动，它的衣长也比较短。其主要构造是没有省略的直线四开身，但由于外套的下摆作用不大，所有不会延长下摆量，而是在下摆两边有开衩，以适应收摆后下肢动作。过肩为连接式，周围以明线固定。前胸的四个纽扣是明装式，搭袢是三角形皮革固定皮条，搭扣是用骨头或者硬木材料。袖子的结构设计别具一格，采用了两片袖连接的结构。

整体采用大、小袖片在前袖缝合的原则，将大、小袖的互补关系剔除，后袖缝变成共同的边缘，前袖缝变成大、小袖的折线，再经过精细的加工，形成大、小袖的连体结构，明显要比纯粹的两边袖更宽松。需要注意的是，达夫尔外套的绱袖工艺是肩压袖并缉明线。因此，袖山曲线的容量要小，一般掌握在袖山大于袖窿 2 cm 以内，复核后再调整直到符合要求。

达夫尔外套的帽子是独特的。其纸样的设计是根据后颈部通过头到前帽檐口的长度加上所需的宽松量是帽子的纵向尺寸 52 cm，帽顶片高约 22 cm，后片高约 30 cm，两者的分配比约为 2∶3。帽檐口的大小按前颈点通过头部顶点返回前颈点再加宽松量约为 36 cm，其中帽顶片的宽度约 22 cm，帽后片的侧面高度约为 14 cm，两者的分布比例约为 2∶1，而这个尺寸与帽檐的下弯度成正比是可以控制的，也就是说帽檐的下弯度越大，帽檐的开口就越大，反之就越小。帽檐的两边都有拱形袢调节帽口。帽口和前颈的接合处有一个可拆卸的风挡袢。

达夫尔外套的外形特征，是其独特的用途和材质特性所决定的。所以，其纸样设计不能脱离这个根本目标与物质需求，把其形体之美从里到外真实地体现出来，从而成为完美的经典之作，并被后世仿效。达夫尔外套的自然之美，深刻地影响着后来的休闲外套、夹克、户外服装的设计。

第二节　户外服纸样设计

一、户外服概述

户外服是男士服装中功能最强的一种非礼仪式服装，常用于劳动、旅游、园艺、体育等户外活动。男士服装本身就是功能的诠释，而这些功能中在户外服上最为突出。现代人的工作与生活压力越来越大，对自由生活方式的向往也越来越强烈，在着装上渴望得到释放。户外服具有实用性、运动性、功能性和舒适性，其造型随意、方便耐用的特点符合当今社会对实用主义的要求，因而成为男士服装中最具生命力的一种。与礼服华丽的外表相比，户外服更多是人性化的设计。在户外服的设计中，应考虑到防水、防风、透气、保暖、耐磨等实用功能，不需要没有实用功能的装饰，哪怕是微小的细节也不会显得做作。传统的户外服就是在历史的沉淀中逐渐成形，并成为当代户外服设计的依据。户外服分为外穿衬衫和外衣两大类，其中巴伯尔夹克、牛仔夹克、白兰度夹克、高尔夫夹克、斯特嘉姆夹克等是有代表性的外衣。

户外服如果有过多的装饰，不仅不能使人产生美感，反而容易使空气变得紧张，降低娱乐生活品质。户外服总体上要避免采用礼服的表现手法，在任何一个局部设计中，都应该使穿着者充分地体会到它所具备的功效，而不能产生某种礼仪的暗示或多余的装饰感。由此可以确定户外服的休闲类和运动类两大类型，前者是一种修身的追求，后者则是健身的意志磨炼，重要的是户外服原生态的保持是准绅士的客观追求。

户外服并不像人们想象的那样，丝毫没有礼服那种象征社会地位和社交语言的符号，只是这些因素虽然含有很强的象征性，但它们实在太功能化了，甚至成为一种功能主义的社交符号。如堑壕外套、巴伯尔夹克的“标准件”，没有一个不保持良好的功能性，可以说这是一种功能主义的精神与文化标签。

二、外穿衬衫

外穿衬衫又称为休闲衬衫，是一种以 H 型板型为主的户外服。由于是从内衣衬衫演化而来，所以其部分样式与结构仍然保持着原来的一些特征，在主要纸样上虽然使用了变形的形式，但是在领口、袖口等方面却要考虑到其本身的一些造型特征，这就使得外穿衬衫与其他的户外服相比具有一定的特殊性。

（一）外穿衬衫款式系列设计

外穿衬衫采取了基本发散的户外服设计风格，加强了功能作用。

外穿衬衫组成要素分解：尽管基本要素和内穿衬衫一样，但是有很大的发散设计空间。领型的改变除角度设计外，其他类型的关门领都可以采用，如外套的领口。前襟，除了明暗两种，还有外套类的门襟。口袋是外穿衬衫样式改变的关键，因为外穿衬衫仍然保持着内衣的形状，所以只有胸袋的设计，没有下口袋，但是口袋的改变也要遵从外套的功能。袖头除方角、圆角、直角外，其他外套袖头都可采用。育克的设计以多种切割线条为主。方摆、下摆、圆摆均可使用。这里选择领子、门襟和口袋三大要素来进行系列风格的设计，而其他元素则不是重点，可以在系列中穿插运用。

款式一，领型设计。领口除有企领、立领等几种不同的角度变化之外，还可以采用领扣，起到固定的作用，如果需要的话，可以在领口中间加上领扣，与前面的领口扣相配合。这种领型款式是外穿衬衫的衣领设计中经常采用的软领保护方式，是常春藤式休闲衬衫的标志。

款式二，选择锐角样式作为门襟的重点变化，可设计为纯暗门襟、暗门襟、内衬边缉明线。外穿衬衫的前襟设计因其所选用的独特休闲布料而不同，而户外运动的风格元素也会发生变化。

款式三，口袋样式。其他要素保持不变，增强了口袋的功能性。口袋的设计是不对称的，而左胸袋需要简化，这是由于右手经常使用。为增强效果，可采用复合粘袋、增加袋盖，或与前育克线结合。考虑到保养需要，通常情况下口袋的底部不会被设计为直角。

款式四，组合元素设计。将款式一到三变化拆分重组，局部增加了方摆与宽袖头的设计，创造出多样化的风格系列，自然是以户外休闲的多功能为基础来进行设计。

（二）外穿衬衫的纸样设计

外穿衬衫基本纸样是可变形宽松量结构，它可以直接使用户外服的基本纸样，也可以按照变形宽松量的原则进行再设计，得到外穿衬衫的基本纸样。外穿衬衫因个体穿衣习惯和宽松量的充裕，往往以宽松量的变形为主体结构，即增加宽松量的比例均匀分布。休闲衬衫的宽松量很大，但是领口的大小要比较稳定，所以后领口要进行还原设计，并据此决定前领口的深度和宽度，从而决定了后肩线的长度。

并在此基础上截取前肩线。在画袖夹圈弧形时，应采用剑型的处理方法。袖山高可依据款式造型的不同，在一个可行的范围内变化。长期以来，我国服装行业习惯把成衣胸围尺寸作为基数，采取不同的分配比例，加上不同的调整量来计算袖山高的尺寸。在设计袖长时，后肩宽松量要减少 3 cm。因为袖头大小比较稳定，袖肥增长幅度大，就会导致袖肥与袖口大小不平衡，所以可以通过增加袖口的褶皱来补偿，或者在袖衩处设置裂缝来调整。领子的纸样设计与内穿衬衫有所不同，领底线不采用 S 形上翘而采用平滑上翘的设计，这同休闲衬衫随意自然的穿法有关（不必系领带），领型也可根据流行采用小立领、小方领、尖领等设计。①

（三）外穿衬衫的系列纸样设计

外穿衬衫系列的研发是当今服装行业中普遍使用的一种方式，而对外穿衬衫系列技术的运用对于其他户外服的设计有着重要的借鉴作用。在系列纸样设计中，首要技术是建立一套主体板型和基本款式，而上述的“外穿衬衫的纸样设计”正是此项工作的开端。其次是把主体板型（尤其是内部构造）固定下来，并通过改变局部样式产生系列，注意在变更样式时，应按同类型产品的设计语言及批量生产的技术需求而进行。如休闲衬衫不能使用其他服装（如外套、防寒服、西装等）造型语言以及不适合的制作方法（如插肩袖、西服领等）加入该系列。

---

① 刘瑞璞．服装纸样设计原理与技术 男装编［M］．北京：中国纺织出版社，2005：197.

三、夹克

夹克又叫夹克衫，它是一种短衫，衣长较短、胸围较大、袖口较窄、下摆收紧，男士和女士都可以穿的短外套，常用拉链或子母扣连接门襟，是现代服饰中最常见的一类服饰。从20世纪80年代起，男士夹克逐渐流行起来。随着时代和社会的发展，男士的着装理念也随之呈现出多样化和个性化的倾向，夹克的款式也随之发生改变，逐渐集时尚性、功能性和多样性于一体。由于它造型简洁、轻便舒适、年轻而活泼，夹克成为无论男女、不同阶层最惬意的选择之一。①

夹克在衣长上有长、短之分，季节上分为单夹克和棉夹克，工艺上有多种材料可供选用。虽然种类繁多，但并无绝对的界限，即不同款式的夹克，根据季节的不同选择不是固定的，长夹克可以是单的，棉夹克也可以是短的。材质的选择也是一样，同一种款式的外套可以是机织物，也可以是皮革或者其他面料。

（一）短夹克

短夹克的衣长是以背长为基础，加上背宽横线到袖窿深线的长度，再加上6 cm的下摆贴边。

夹克的主要纸样与外穿衬衫并无本质上的不同，只要决定了成衣的总宽松量，就可以根据纸样的设计原则，推断出相应参数。短夹克的纸样设计，虽然有一些个性调整，但是其内部结构框架与外穿衬衫属于同一种类型，甚至成衣宽松量相同时也可以用外穿衬衫做母版（相反也可以）。但在领口上并没有像外穿衬衫一样进行还原处理，仍然是在添加宽松量后领口大小自然增加，这是由于夹克有外套的作用，但衬衫并没有外套的功能，而外套领口比内衣领口大。夹克的局部设计要考虑到它的基本功能和面料的特点。翻领可依面料的不同而分为连体领和分体领两种。

后衣纸样分为三段，为了提高手臂的可伸性，采用侧片和背片增加活动的褶皱数量，后下片由后中线到侧缝线之间形成中高侧低的斜线，有利于设计后面的斜插口袋，使其更好地发挥作用。同时，皮革织物对于这种多片分割的组织形式是非常有利的。当然，若将后中线做成整体也可使用机织面料。夹克的前身由上下两个箱式的口袋构成。前襟用明搭门、暗拉链的构造。领口的设计

① 曾丽，陈贤昌，熊晓光，薛嘉雯．服装款式大系·男夹克·棉褛款式图设计800例［M］．上海：东华大学出版社，2018：2.

是以领底线下弯的连体翻领结构，并加上领袢，此结构更适用于毛皮领口。

袖子要做变形袖的构造，即低袖山造型来配合细长的袖夹圈，两者的长度呈比例关系，也就是说袖夹圈的特征越明显，袖山就会越低。在对纸样进行复查时，袖山弧长与袖夹圈弧长基本一致，采用肩压袖缉明线工艺的方法进行处理。整个袖子的设计以袖中线为准，一分为二作两片结构，这样的处理重点在于袖肥与袖口不会集中于两侧，而是由袖中线将它们均匀地分开，使其形制更加完美。为了增加袖子肘部的耐穿性能，在后袖片肘凸部加上了圆形衬布。

（二）复合领直摆夹克

复合领直摆夹克的纸样设计在夹克中是比较复杂的，但是如果将其各部位的结构分解开，则不难发现它们各自所采用的原理。复合领是青果领和下垂刻领变形的复合结构，青果领采用与衣身连裁的方式，以避免过分堆积而造成拥挤感。

主体纸样仍然采用了变形的宽松量设计，处理方式和短夹克一样，部分设计重点放在复合领口。

前身的主要设计是首先根据翻领的构造原理设计倒戗驳领，并标明挂面的贴边，这个挂面的长度要比前身的下摆短 3.5 cm，以表示这个领的结构范围，并把它的翻领与驳领挂面的纸样分开。在这一点上，用青果领边线沿着倒戗驳领的边线 1.5 cm 处进行。因为青果领结构在衣领部位内、外均无缝线，而在衣领部位的肩部与领的交叠部位要进行分离处理。前身纸样是用肩部的分片设计把它们分开。和塔士多礼服上的青果圆领处理方法一样，都是用挂面纸样将重合部位分开，为了减少制作过程和布纹方向的制约，青果领的后中线处里外都有缝线。在前门襟的复合构造中，内襟倒戗驳领用拉链搭门，外襟的青果领则是金属四合扣。后身采用一半肩竖线分隔增加活褶，以改善上肢的前屈效果。两边的大袋采用盒型结构以提高容积，并设计为复合袋，即在箱式袋的内侧设置暗插袋，暗插袋口置于箱式袋侧，袋盖为 1/4 圆形。袖子纸样要与变形的主体相匹配，并用肘凸处的折缝加工来完成两片袖的构造。

（三）达夫尔夹克

这种夹克的灵感来源于达夫尔外套。不过它的整体纸样还是沿用了夹克的样式，仅在衣长、侧衩、扣袢等部分借鉴了达夫尔外套的样式。这种纸样的宽松度和比例，袖夹圈和袖子的主体设计都与直摆式的复合领夹克一样，所以也可以被列为直摆式夹克的一种。前身由腰部颜色与下侧纸样结合形成口袋，中部颜色和上部连接采用了活贴边构造。扣袢的选择是绳子，并选用硬木材质的纽扣。

四、运动性服装和专业性服装

（一）运动性服装

运动性服装是一种带有运动特征的休闲服饰，属于日常服装。因为使用原料主要是针织面料，所以其造型更加简洁、完整，纸样设计也更加灵活，内部结构限制较少，板型选择不严格，但可以利用针织面料的优良伸缩性来调节。主体纸样依旧是变形构造。

插肩袖的设计是因为材质的关系，前后袖片可以连接在一起，但这种设计在针织面料中是不合理的，在纸样加工上前后肩线和袖中线要呈一条线。袖山高度是由基本袖山高度减去袖夹圈的开深量得出的，这个比率仍然可以应用于插肩袖的纸样设计，但是根据它的构造原则，袖中线的紧合度不能与肩线呈一条直线，但是在弹性较好的针织面料中是可以存在的。

帽子设计采用左右两片结构设计。该方法是在前、后身处理整套头型结构的基础上进行，领口要足够大，才能让头部通过，并以此作为设计帽子的依据。同时，以从前颈部到头部再返回到前颈部加上所需的宽松量作为帽檐口的大小。帽底线向下弯曲的长度作为帽子的宽度，再用帽檐口的一半来决定帽子的高度，这样就完成了帽子的纸样设计。在腹部设计成左、右手共用的通贴袋，袋口采用梯形贴袋的两边斜线。袖口和下摆都是用罗纹编织。

（二）记者背心

记者背心最早是人们在钓鱼时穿着，所以也叫钓鱼背心。现在随着旅游和户外特殊娱乐项目的流行，它再次受到了年轻人的欢迎。不管是新闻工作者或钓鱼爱好者，其功能都是为承载各种尺寸的物件而设计的。所以，背心口袋的设计是其最主要的特点，最多有 22 个。

记者背心属于外套式服装，所以，整体结构要尽量做宽松量处理。衣服长度按背宽横线到袖夹圈深线的比例增加。后身设计是将背部分为上下两个部分，在接缝处装一个拉链。后背的内袋结构和外面的处理方法一样，唯一不同的是内袋的袋位要增加。后背的内、外两个大袋，一般用于存放雨衣和不能折叠的材料。

前身有六个口袋。中部是通袋，分为上下两个部分，最下面是两个同样的箱式袋。胸袋采用透明贴袋结构，中间包上皮革，增强它的强度和防潮能力。

顶部的小袋也是箱式结构。所有的袋盖都是以尼龙搭扣的形式来增加其使用性能。前身可以根据需要在左右设计出不同功能的口袋。前襟用拉链做搭门，上面有四合扣的搭袢。后领口和胸前有金属系环，以便于携带钓竿、挎包等。背心的整个边缘都用缝线加强。

记者背心的结构保留了原来的设计风格，因为其独特的口袋设计，对夹克、旅游装、运动装等专业性服装的设计都产生了很大的影响。

（三）防寒服

防寒服在概念上是指防风、防雪的服装，在使用上要求方便、耐穿、运动自如，因此防寒服是一种多功能的服装，其设计思想是由“合理主义”而影响世界。于是，在这种设计思想的指导下就产生了功能主义设计。防寒服的设计是典型的以“合理主义”为原则的服装设计代表作品。它的宗旨首先是防风雪；其次是具有收纳物品的结构；最后是具有一定的冷暖调节功能。整体结构采用与套装长度相同，比外套更加适合运动、防寒性能好的插肩袖结构，在袖头上使用方便并且具有调节功能的刺毛搭扣，同时增加袖衩布，使手出入袖口自如。帽子的设计，只暴露面部，以达到头部保暖的最佳状态，并用扣、拉链、两用门襟贯通。在帽口和腰部设有防寒暗系带，帽口暗系带上采用皮革制的调节袢。前身设有加袋盖的四个明袋，既携物方便又能防雪水，下面两个大袋侧边各设一个暗袋，上边两小袋中间设活褶以增加袋容量。面料选用轻便、耐磨、防水的材料，中间夹层选用轻柔而保暖性好的材料，里料则选用滑爽的材料，以便穿脱自如。从防寒服的设计中可以看出，所选择的结构、造型、配件材料等都是以实用、便利的功能为目的。

（四）工装裤

从总体上来说，工装裤就是我们所了解的背带裤。因其最初广泛应用于机械制造及修理人员的服装而得名。本书所说的工装裤更像是一种新的休闲裤子。功能主义的时尚理念在这一设计中得到了完美的诠释。就工装裤的设计样式而言，是以其固有的结构和实用的魅力来影响人们，设计者对此问题的理解一定要保持清醒。

从这一点可以看出，在工装裤的结构含义上，方便、舒适、实用是它的设计目标。工装裤在纸样加工时，必须采用上半身与裤子的基本纸样的结合，连接处增加必需的宽松量。简化上半身结构，确保下半身运动的安全性和便利性，这是其设计的基本原则。从实用结构的处理上应考虑到男士特征，因为前胸和腰是连成一体的，所以裤子的前门上端已经固定，但是开门结构仍然保留。为了便于穿脱，必须在两边都设置侧开门，这种结构的设计不仅具有工装裤的独特之处，而且不受时尚潮流的影响。

工装裤的口袋设计是“功能主义”风格特征的完美体现。总共有13个口袋。在胸贴袋的中间用3 cm宽的双轨线分隔两侧的大袋，双轨线的间隔可以用作插笔，两个大袋的中央有一条活褶以增加袋子的容积。前裤片为垂直分割的构造，两侧贴袋被分割线夹住。腹部工具袋为悬挂式，由三层六个口袋组成，底部与上部固定于腰部，中部与外部以“V”形线迹缉缝，形成4个梯形袋、2个V形袋。同时，在该复合口袋的两侧扣位相对应的位置上设置搭袢，如果需要，可以将搭袢与侧开门纽扣连接。侧体布环袢可以用来挂锤子等工具。在后身下摆处再设计两个口袋。

五、户外服款式系列设计（以巴伯尔夹克为例）

户外服的重点在于功能性的概念设计，因为其处于TPO的非礼服级别，没有多少礼节上的约束，满足功能的需要是其最基本的要求。所以，运用基本型分散设计是户外服款式设计的一种有效解决方案。首先，以一种基本样式为基本型，对基本型的每一要素进行深度剖析，再设置一套基本的变化款，并在此基础上不断添加新元素，进行发散设计。当系列风格发展到一定规模时，保留好的部分，去除那些不重要的款式，以此来发展其他系列，如此循环往复，形成更高品质的系列。英国著名的休闲服饰品牌巴伯尔是典型的户外服风格，以下以巴伯尔夹克为例展开叙述。

（一）巴伯尔夹克的基本信息

巴伯尔是其品牌创始人John Barbour的姓氏，他创立的巴伯尔理念是迄今最有风度的休闲夹克之一。巴伯尔夹克的设计并非为了都市生活，而是为了出海捕鱼、野外打猎。巴伯尔夹克最引以为豪的是和牛仔裤一样有耐穿的性质和朴素的效果，唯一的区别就是牛仔裤没有巴伯尔夹克的贵族血统，这是英美休闲文化的区别。它的形制已有多年历史，具有英国贵族的经典风格。现代的仿制品，布料不需要昂贵的埃及棉，也不需要特殊的施蜡法（巴伯尔品牌还在使用），而是户外服经常使用的尼龙加防水涂料，里面是苏格兰棉布，非常耐穿。因其出色的户外活动性能，所以深受英国王室喜爱，是男士服装高质量户外服的发展方向。

（二）巴伯尔夹克构成元素分析

因为其最早的用途是野外打猎，所以这一古老的传统风范形成了巴伯尔夹克的经典风格。为了保留其文化特色而进行风格设计是一种明智的选择，深入了解其设计中的每一个要点，并以此为依据进行设计。巴伯尔夹克的基本样式大致可以分为衣领、袖子、门襟、口袋、下摆等元素。

若对要素进行细致分析，就会发现每一个要素都有其独特的设计空间。领口按照国际着装规则的指引，由于其特殊的实用需求，礼服的戗驳领、开门领、平驳领等并不适用巴伯尔夹克，但具有防风、防雨、防寒作用的可开关领和关门领更加合适；插肩袖是其标准样式，袖子一般分为常规的装袖和连身袖两种，连身袖可以与结构线一起设计；门襟也是以实用为宗旨，为了御寒，一般采用暗门襟和复合门襟；由于口袋的作用有限，不适宜采用西装的口袋，而多采用复合口袋和立体贴袋。口袋的设计能够创造出多种不同的变化，是户外服的设计重点；户外服的下摆主要是直摆，在概念设计上也可以按要求选择圆摆；在领口、袖口、下摆等开口部位可以设置袢饰，具有紧固作用；可以将分割线与口袋、袖子等组合在一起，形成独特的功能形状，从而进一步提高设计理念；其他肩盖带、布、褶等也是巴伯尔夹克的设计灵感，运用到设计中，可以让功能性风格更加丰富。

各部位放量的数值确定后，在基本纸样上进行处理。在确定后肩和后领口之后，依此数据完成前领口并实现去撇胸目的（做去撇胸处理与相似形放量相反，这是无省板型的特点），再用后肩截取前肩长，然后按照比例关系得到“剑形”袖窿。由于其有独特的工艺手法，需要先缝合袖子和大身后，再整体缝合侧缝线与袖底缝线，因此“剑形”袖窿为使用这种工艺提供了便利。

（三）实用为先、循序渐进的设计原则

巴伯尔风格系列的设计具有衍生性和多变性，应该按照以实用为先、循序渐进的原则来进行设计。由原腰线向下一个背长定出巴伯尔的衣长。根据标准款式得到巴尔领、插肩袖等典型结构的基本纸样。领型采用分体式巴尔领结构。袖型采用变形类（属宽松类）低袖山插肩袖结构，它需要对前后袖内缝进行复核，若有差量，则要按照“平衡”原则将差量分解掉，使前后袖内缝相等。老虎袋（立体袋）不可离侧缝过近，根据西装确定口袋位置的方法进行微调处理，向前平移 1.5 cm，同时由于腰部侧插袋的存在，需要适当降低老虎袋的袋位，以寻求功能完善和视觉平衡。

款式一，将插肩袖变为装袖，在其他元素保持不变的前提下，以口袋元素为设计要点。口袋种类繁多，可以是贴袋、复合贴袋、立体袋或缉明线的暗袋，但都以实用作为衡量设计的好坏。

款式二，是在口袋系列中添加了连身袖的元素。其可塑性很强，风格线条

多变，可以创造出独一无二的概念造型系列。

款式三，分割线的设计不只是在服装上做简单修饰，它还结合了口袋和连身袖的结构合理使用，将元素与元素之间的功能语言和装饰语言完美融合在一起，力求消除一切装饰的设计境界。

款式四，采用以上三种基本要素进行设计，并将其整合，结合不同的领型与门襟，构成一套综合性的混搭样式。至此，巴伯尔夹克已形成了一套无限扩展的风格设计，达到了功能、结构和审美的三合一。设计从感性到理性，从自由到有序。

尤其要注意的是，在户外服的设计中也要注意其“功能美学”，这种服装在非正式场合的运用，既要确保设计的平衡与和谐，又要避免左右对称的设计，也要思索前后身的结构协调。若前身功能完备，变化丰富，后身要尽量简化设计。

参考文献

[1] 比目鱼．秋冬男装流行要素［J］．职业技术教育，2004（35）．
[2] 蔡凌霄，于晓坤．毛皮服装设计［M］．上海：东华大学出版社，2009.
[3] 曹叶青，钱晓农，张宁，张茗珂．淮阳泥泥狗艺术形式在男士衬衫图案设计中的应用［J］．纺织学报，2016（9）．
[4] 陈莹．服装设计师手册［M］．北京：中国纺织出版社，2008.
[5] 戴孝林．男装结构设计与纸样工艺［M］．上海：东华大学出版社，2019.
[6] 杜劲松．欧洲服装结构设计原理与方法［M］．上海：东华大学出版社，2013.
[7] 杜士英．视觉传达设计原理［M］．上海：上海人民美术出版社，2009.
[8] 甘霖，周佳驿．摄影构图、用光与色彩设计［M］．北京：中国青年出版社，2019.
[9] 郝瑞闽．服装结构制图与样板 下［M］．石家庄：河北美术出版社，2008.
[10] 贺欣悦．清代补子在新中式男装设计中的创新应用实践［J］．大众文艺，2020（5）．
[11] 黄强苓．工业设计教程 2［M］．沈阳：辽宁美术出版社，2015.
[12] 回连涛，隋囡，王晶宇，姜山，周睿娇．新民族图案设计教程［M］．北京：人民美术出版社，2017.
[13] 金少军，刘忠艳．最新服装工业制版原理与应用［M］．武汉：湖北科学技术出版社，2010.
[14] 金正昆．外事礼仪［M］．北京：首都经济贸易大学出版社，2002.
[15] 孔丘．论语［M］．西安：陕西旅游出版社，2003.
[16] 李翰洋．活力充沛：管理者的健康管理［M］．北京：中国经济出版社，2006.
[17] 李静，刘瑞璞．衬衫衣身纸样专家知识的自动生成参数化设计［J］．服饰导刊，2014（4）．
[18] 李伟华，陈素英．拼布艺术在当代服装设计中的应用研究［J］．天津纺织科技，2020（6）．

［19］李兴刚．男装结构设计与缝制工艺［M］．上海：东华大学出版社，2010.
［20］林俊华，刘宇．护理美学［M］．北京：中国中医药出版社，2005.
［21］刘宝宝．服装设计中拼布工艺的应用研究［J］．轻纺工业与技术，2021（10）.
［22］刘凤霞，韩滨颖．现代男装纸样设计原理与打板［M］．北京：中国纺织出版社，2014.
［23］刘蓬，等．中国美术·设计分类全集［M］．沈阳：辽宁美术出版社，2013.
［24］刘瑞璞．服装纸样设计原理与技术 男装编［M］．北京：中国纺织出版社，2005.
［25］刘瑞璞．男装纸样设计原理与应用训练教程［M］．北京：中国纺织出版社，2017.
［26］刘舒白，程亚娟．男装外套分割线设计的装饰性［J］．江苏丝绸，2006（3）.
［27］陆红阳，喻湘龙，尹红．现代设计元素——服装设计［M］．南宁：广西美术出版社，2006.
［28］马海祥．公关社交礼仪［M］．合肥：中国科学技术大学出版社，2014.
［29］孟家光．羊毛衫款式、配色与工艺设计［M］．北京：中国纺织出版社，1999.
［30］闵悦．服装结构设计与应用·男装篇第 3 版［M］．北京：北京理工大学出版社，2021.
［31］倪进方．服装专题设计与应用［M］．长春：吉林大学出版社，2018.
［32］浦冬晓．男装基本纸样相似形放缩设计新方法［J］．江南大学学报（自然科学版），2003（5）.
［33］齐德金．时装结构设计原理与实例精解［M］．北京：中国轻工业出版社，1998.
［34］上海市高校《马克思主义哲学基本原理》编写组．马克思主义哲学基本原理［M］．上海：上海人民出版社，2003.
［35］尚进．服装画技法［M］．北京：中央广播电视大学出版社，2009.
［36］沈宏，王翠翠．构成基础［M］．重庆：重庆大学出版社，2021.
［37］宋瑶，倪进方．拼布艺术在现代服装设计中的表达形式研究［J］．大众文艺，2018（16）.
［38］孙兆全．经典男装纸样设计［M］．上海：东华大学出版社，2009.
［39］谭国亮．品牌服装产品规划 第 2 版［M］．北京：中国纺织出版社，2018.
［40］唐智．商务休闲男装中结构造型的设计实践［J］．江苏纺织，2020（12）.

[41] 万剑．中国古代缠枝纹装饰艺术史［M］．武汉：武汉大学出版社，2019.
[42] 王建男．中国人的雅致生活［M］．哈尔滨：北方文艺出版社，2017.
[43] 王丽霞．服装结构制图与样板［M］．北京：中国纺织出版社，2017.
[44] 王先华．服装结构设计［M］．北京：北京理工大学出版社，2010.
[45] 王欣．服装设计基础［M］．重庆：重庆大学出版社，2016.
[46] 王洋．“颠覆与重塑：馆藏马西莫·奥斯蒂男装展”策展手记［J］．新美术，2018（7）.
[47] 王勇．针织服装设计［M］．上海：东华大学出版社，2009.
[48] 吴训信，石淑芹．服装设计表现：CorelDRAW 表现技法［M］．北京：中国青年出版社，2015.
[49] 武云超．色彩语言与设计应用［M］．北京：中国电影出版社，2018.
[50] 谢小岚．丝绸面料在家居服产品中的设计与运用［J］．江苏丝绸，2011（4）.
[51] 徐静，王允．服饰图案［M］．上海：东华大学出版社，2011.
[52] 许才国，刘晓刚．男装设计第 2 版［M］．上海：东华大学出版社，2015.
[53] 许才国，鲁兴海．高级定制服装概论［M］．上海：东华大学出版社，2009.
[54] 许慎．说文解字［M］．长沙：岳麓书社，2006.
[55] 薛艳．动物图案设计［M］．北京：中国纺织出版社，2020.
[56] 阎玉秀，金子敏．男装设计裁剪与缝制工艺［M］．北京：中国纺织出版社，1998.
[57] 燕萍，刘欢．男装设计［M］．石家庄：河北美术出版社，2009.
[58] 杨晓艳．服装设计与创意［M］．成都：电子科技大学出版社，2017.
[59] 尹春洁．美术与设计［M］．广州：华南理工大学出版社，2012.
[60] 曾丽，陈贤昌，熊晓光，薛嘉雯．服装款式大系·男夹克·棉褛款式图设计 800 例［M］．上海：东华大学出版社，2018.
[61] 张艳，苏培玲，贺克杰．闽南水泥花砖纹样在男士衬衫图案设计中的应用［J］．泉州师范学院学报，2018（3）.
[62] 赵姝坦．功能性材料在男装设计中的应用与创新——以马西莫·奥斯蒂为例［J］．西部皮革，2021（20）.
[63] 周冰，许楗．立体构成［M］．西安：西安交通大学出版社，2011.
[64] 周丽娅．系列男装设计［M］．北京：中国纺织出版社，2001.
[65] 朱莉娜．服装设计基础［M］．上海：东华大学出版社，2016.
[66] 庄立新，胡蕾．服装设计［M］．北京：中国纺织出版社，2003.